Wie ich mein Pferd **artgerecht ernähre**

DR. CHRISTINA FRITZ

Pferde
FIT
füttern

Wie ich mein Pferd **artgerecht ernähre**

CADMOS

Haftungsausschluss:

Autoren und Verlag lehnen für Unfälle und Schäden jeder Art, die aus den in diesem Buch dargestellten Übungen, Ratschlägen und Ansichten entstehen können, jegliche Haftung ab.

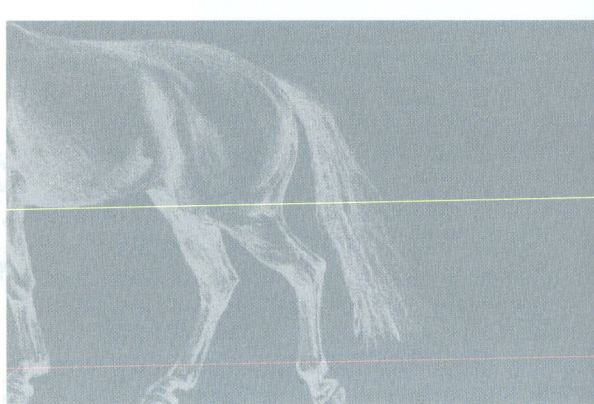

Copyright © 2012 by Cadmos Verlag, Schwarzenbek
2. Auflage 2013
Gestaltung und Satz: Ravenstein und Partner, Verden
Titelfoto: Christiane Slawik (Foto) und Susanne Retsch-Amschler (Zeichnung)
Fotos im Innenteil sofern nicht anders angegeben: Christiane Slawik
Zeichnungen sofern nicht anders angegeben: Susanne Retsch-Amschler
Lektorat: Alessandra Kreibaum
Druck: Westermann Druck, Zwickau

Deutsche Nationalbibliothek – CIP-Einheitsaufnahme
Die Deutsche Nationalbibliothek verzeichnet diese Publikation in der
Deutschen Nationalbibliografie; detaillierte bibliografische Daten sind im
Internet über http://dnb.ddb.de abrufbar.

Printed in Germany

ISBN: 978-3-8404-1029-1

INHALT

VORWORT

Weitverbreitete Probleme mit der Gesundheit – von chronischen Lahmheiten über Atemwegserkrankungen bis zu Rücken- und Muskulaturprobleme – sind immer häufiger der Grund für das Ausscheiden schon junger Pferde aus der reiterlichen Nutzung. Chronische Gesundheitsprobleme nehmen mittlerweile einen breiten Raum ein und können oft weder vom Tierarzt noch von anderen Therapeuten nachhaltig behoben werden. Es ist ein ganz neuer Themenkreis der „Zivilisationskrankheiten" des Pferdes entstanden, die in der Literatur vor 50 Jahren noch keine Erwähnung finden. So ist es mittlerweile „normal", dass Pferde Kotwasser ha-

ben oder im Alter entwickeln. Jeder Pferdehalter kennt sich aus mit Sommerekzem, Hufrehe, EMS, COPD und anderen Erkrankungen, die unsere Großväter, wenn überhaupt, nur sehr selten zu sehen bekamen.

Statt Spaß am Reiten und an der Haltung gesunder Pferde zu haben, zwingt diese Entwicklung immer mehr Halter, sich mit Gesundheitsfragen auseinanderzusetzen. Die Fütterung ist ein entscheidender Faktor bei der Gesunderhaltung des Pferdes. So war in der DDR das Sommerekzem weitgehend unbekannt, tritt jetzt aber – sogar bei alten DDR-Zuchtlinien – immer häufiger auf. Der große Unterschied

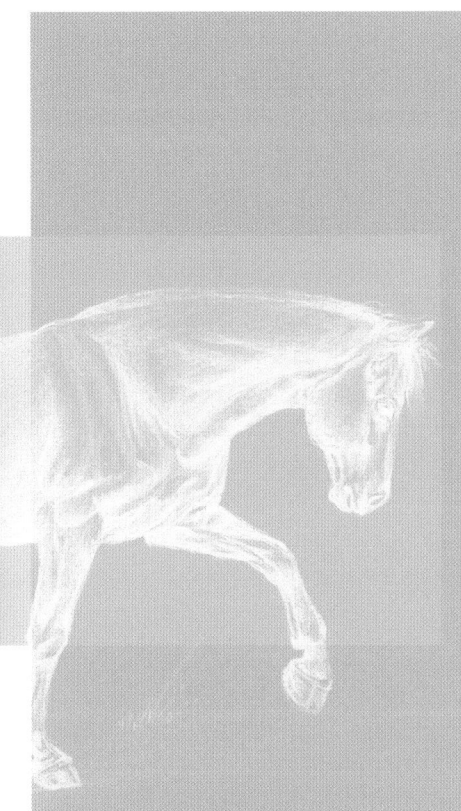

in der Haltung vor 30 Jahren und heute ist die Fütterung von Heulagen und fertigen Mischfuttern statt Heu und Hafer. Auch Überlastung von Leber oder Niere durch falsche oder zu viele Zusatzprodukte, vor allem in Kombination mit Medikamentengaben, können zu Krankheiten führen. Falsche Kraftfuttersorten stören die Darmflora und machen das Pferd anfällig für Koliken, Kotwasser und andere Verdauungsprobleme. Aber nicht nur Koliken, sondern auch Probleme mit dem Sehnen- und Bandapparat, Verspannungen, Fell- und Hautprobleme, Atemwegsprobleme und so weiter haben ihre Ursache häufig in ungeeigneten Futtermitteln.

Dieses Buch soll Ihnen die komplizierte Chemiefabrik im Körper, Stoffwechsel genannt, näherbringen. „Die Nahrung soll deine Medizin sein", sagte schon Hippokrates. Und so oft zitiert dieser Ausspruch auch ist, wird er leider in der Praxis viel zu wenig angewendet. Stattdessen geht im Stall Liebe durch den Magen. Das Pferd aber ist glücklicher, wenn es artgerecht gehalten und gefüttert wird. Dann ist es ein gesunder Partner und kein dauerkranker Pflegefall. Begeben Sie sich mit mir auf die Reise durch den Pferdestoffwechsel und sehen Sie die Fütterung Ihres Pferdes mit anderen Augen.

Ihre *Christina Fritz*

Ernährung und Stoffwechsel des Pferdes

Die Ernährung des Pferdes ist eng mit seinem Stoffwechsel verknüpft. Den Begriff „Stoffwechsel" kann man weitgehend wörtlich verstehen: Stoffe werden aufgenommen, gespalten, neue Stoffe aus den Bruchstücken anderer Stoffe aufgebaut, Reste beziehungsweise Abfälle werden entsorgt. Kurz gesagt: Der Organismus ist eine chemische Fabrik, in der rund um die Uhr gearbeitet wird.

Der Stoffwechsel hält alle Lebensvorgänge aufrecht und besteht aus einer unendlichen Vielzahl enzymatischer, chemischer und physikalischer Reaktionen. Diese Reaktionen laufen beim gesunden Pferd völlig unbemerkt ab, nicht nur bei der Nahrungsaufnahme, sondern kontinuierlich. Zur Größenordnung: Der Körper des Pferds besteht aus etwa 60 Billionen Zellen – kleinen Lebenseinheiten mit jeweils eigenem „Programm", das heißt mit eigener Funktion, eigener Zellatmung, speziellem Zellstoffwech-

sel, Zellerneuerung und Zelltod. In jeder Sekunde laufen parallel etwa 50 Billiarden biochemischer Reaktionen in diesen Zellen ab.

Jede kleine Störung dieser Reaktionen führt zu Änderungen der Abläufe. Der Körper hat Notfallmechanismen, um über Stoffwechselumwege funktionsfähig zu bleiben. Das bleibt zunächst in den meisten Fällen im Sinne einer Erkrankung unbemerkt. Auf Dauer können jedoch durch die Überlastung eines anderen Stoffwechselwegs oder Erschöpfung der Reserven Folgeschäden entstehen.

Länger anhaltende Störungen der Stoffwechselvorgänge äußern sich daher fast immer in Krankheiten. Diese entwickeln sich schleichend, oft über Monate oder Jahre, da der Körper so lange wie möglich versucht, die Probleme zu kompensieren. Daher werden die Krankheiten oft nicht der richtigen Ursache zugeordnet: Bei falscher Fütterung können die

Krankheiten in Form von Allergien, Störungen des Bewegungsapparats oder Hufkrankheiten erst Jahre später auftreten. Das macht auch die Therapie so schwierig und langwierig. Denn nach der langen Zeit lässt sich die Ursache oft nicht mehr eindeutig bestimmen und häufig überlagern schon eine Reihe anderer Symptome und Krankheiten das eigentliche Bild.

Alle Stoffwechselvorgänge werden letztlich durch Atemluft, Trinkwasser und Nahrung unterhalten. Diese Komponenten liefern die Bausteine für den Stoffwechsel. Gesteuert werden sämtliche Vorgänge von Enzymen, Vitaminen, Hormonen und dem Nervensystem. Dabei bestehen zwischen diesen regulierenden Steuerungssystemen enge Zusammenhänge: Bei der Verdauung des Pferdes sondert die Bauchspeicheldrüse Verdauungsenzyme ab, sobald der saure Nahrungsbrei aus dem Magen mit der Schleimhaut des Dünndarms in Kontakt kommt. Die Enzyme zerlegen die aufgenommenen Nahrungsproteine in Einzelbestandteile, die erst nach diesem chemischen Prozess die Darmwand passieren können. Nun gelangen die Bausteine in die Leber und von dort über das Blutsystem zu den einzelnen Körperzellen. Die Zellen nehmen die Bausteine aus dem Blut auf und verwenden sie, um beispielsweise neue Proteine aufzubauen oder um Energie zu gewinnen. Sie werden also verstoffwechselt. Dieser Prozess läuft aber nur so ab, wenn alle Komponenten des Stoffwechsels optimal zusammenspielen. Ist das nicht der Fall, kommt es zu Störungen in der chemischen Verdauung im Darm, der Aufnahme der Nährstoffe, im Transport oder in der Weiterverarbeitung. Jedes Pferd kann – abhängig von seiner genetischen Prädisposition, von Rasse, Alter, Haltungsbedingungen, Nutzung, Medikamentenbehandlung, Krankheiten, Fütterung etc. – an unterschiedlichen Stellen dieser komplexen und verzweigten Stoffwechselwege Einschränkungen oder Blockaden haben. Der Körper muss dann über Umwege gehen, um das Ziel zu erreichen.

Das erklärt auch die unterschiedlichen Reaktionen der einzelnen Pferde auf dieselbe Fütterung: Das eine erfreut sich derzeit bester Gesundheit und Leistungsfähigkeit, das andere sieht nicht nur schlecht aus, sondern kränkelt laufend und an Leistung ist nicht zu denken. Irgendeine Komponente des komplizierten Regelsystems arbeitet bei diesem Pferd anders: Zum Beispiel läuft eine enzymatische Reaktion gehemmt ab oder ein hormoneller Regelkreislauf schließt kurz. Dabei muss es nicht immer zu einer Erkrankung im klinischen Sinn, wie einer Hufrehe, kommen. Oft weisen schlechte Futterverwertung, mangelnde Leistung, stumpfes Fell, Neigung zu Durchfall, Kotwasser, Kolik und vieles mehr auf Probleme im Stoffwechselgeschehen hin.

Stoffwechselregulation durch Katalysatoren

Um die Stoffwechselvorgänge zu steuern, sind biologische Katalysatoren notwendig, die sogenannten Enzyme. Jede Zelle enthält Tausende spezifischer Enzyme, die ebenso viele Reaktionen katalysieren. Zudem beeinflussen sich die

Enzyme gegenseitig. Auch die Verdauung der Nahrungsbestandteile – Proteine, Kohlenhydrate und Fette – erfolgt im Dünndarm durch Enzyme. Jede kleine Störung von außen, und sei es eine Schwankung der Temperatur oder des pH-Werts, stört die Enzyme und damit den gesamten Zellstoffwechsel. Enzyme sind verantwortlich dafür, Reaktionen zu starten, zu stoppen und auch die Geschwindigkeit der Reaktionen zu regulieren. Damit werden die verschiedenen biochemischen Abläufe in einer Zelle koordiniert. Jedes Enzym ist bis zu einem gewissen Grad für ein bestimmtes Substrat spezifisch. Somit erfüllt das Enzym nur seine spezifische Aufgabe und verändert andere Substrate nicht. Die Regulation erfolgt meist über die Menge oder die Aktivität der verschiedenen Enzyme. Viele Enzyme benötigen einen Kofaktor – ein Ion oder ein kleines Molekül, das sich mit dem Enzym zu einem aktiven Komplex verbindet. Liegt der Kofaktor in der Zelle in begrenzter Konzentration vor, lässt sich die Enzymaktivität durch Änderungen der Kofaktorkonzentration regulieren. Solche Kofaktoren sind häufig Vitamine oder Spurenelemente. Die Kontrolle der Enzyme ist ein kompliziertes Regelwerk, das entsprechend flexibel ist, aber auch anfällig für Störungen.

Enzyme sind extrem empfindlich gegenüber Änderungen in der Temperatur. Eine höhere Temperatur beschleunigt zunächst die Geschwindigkeit, mit der die biochemischen Reaktionen ablaufen. Ab etwa 41 °C aber kommt es zu einer Zerstörung der Enzyme, daher ist Fieber ab dieser Temperatur für den Organismus gefährlich. Enzyme sind auch empfindlich gegenüber Schwankungen im pH-Wert. Sinkt der pH-Wert in der Umgebung der Zelle, lagert der Körper vermehrt Wasser ein, um diesen pH-Wert wieder zu neutralisieren. Die Pferde sehen dann aufgeschwemmt oder fett aus.

Enzyme und pH-Wert

Der pH-Wert beschreibt, wie sauer oder basisch etwas ist. Bei einem pH-Wert von 7 liegt ein neutraler pH vor, das heißt, Säuren und Basen halten sich die Waage. Ist der pH-Wert niedriger, beschreibt er ein saures Milieu, liegt er höher, ein basisches. Die meisten Enzyme benötigen eine ungefähr pH-neutrale Umgebung.

Das Verdauungssystem des Pferdes

Lebende Organismen sind für Wachstum und Ernährung sowie für alle Körperfunktionen von externen Energie- und Nährstoffquellen abhängig. Die chemische Energie, die alle Prozesse im Körper in Gang hält, stammt letztlich immer aus der Sonne. Pflanzen sind in der Lage, Sonnenenergie als chemische Energie zu speichern. Sie verbinden CO_2 und H_2O zu energiespeichernden Molekülen wie Zucker. Diese Energie kann dann vom Pferdestoffwechsel in einer chemischen Reaktion wieder kontrolliert freigesetzt werden. Die frei werdende Energie bildet nicht nur die Körperwärme, sondern treibt alle energieverbrauchenden Prozesse im Körper an – von der Muskelarbeit bis zum Aufbau neuer Gewebe.

Um die Nährstoffe zu gewinnen, muss das Pferd die Nahrung zunächst verdauen. Die Verdauung ist ein komplizierter physikalischer und chemischer Prozess, bei dem Verdauungsenzyme die Nährstoffe aufspalten: Ganze Proteine oder Stärkemoleküle können die Darmwand nicht passieren und müssen zunächst in ihre Bausteine – die Aminosäuren oder Zuckermoleküle – aufgespalten werden. Dieser Prozess wird Hydrolyse genannt. Die Bausteine können dann von den Zellen der Darmschleimhaut aufgenommen und an das Blutgefäßsystem weitergegeben werden.

Die bei der Hydrolyse im Darm frei werdende chemische Energie wird in Form von Wärme abgegeben. Die Energie, die in den Bausteinen steckt, bleibt zunächst gebunden und wird vom Körper aufgenommen. Diese Energie wird in Form von Zuckermolekülen den Zellen zur Verfügung gestellt, die sie bei Bedarf in Energie umwandeln können. Dabei kann Wärme entstehen, aber auch andere chemische Energieverbindungen wie ATP. Dieses ist die „Energiewährung" innerhalb von Zellen.

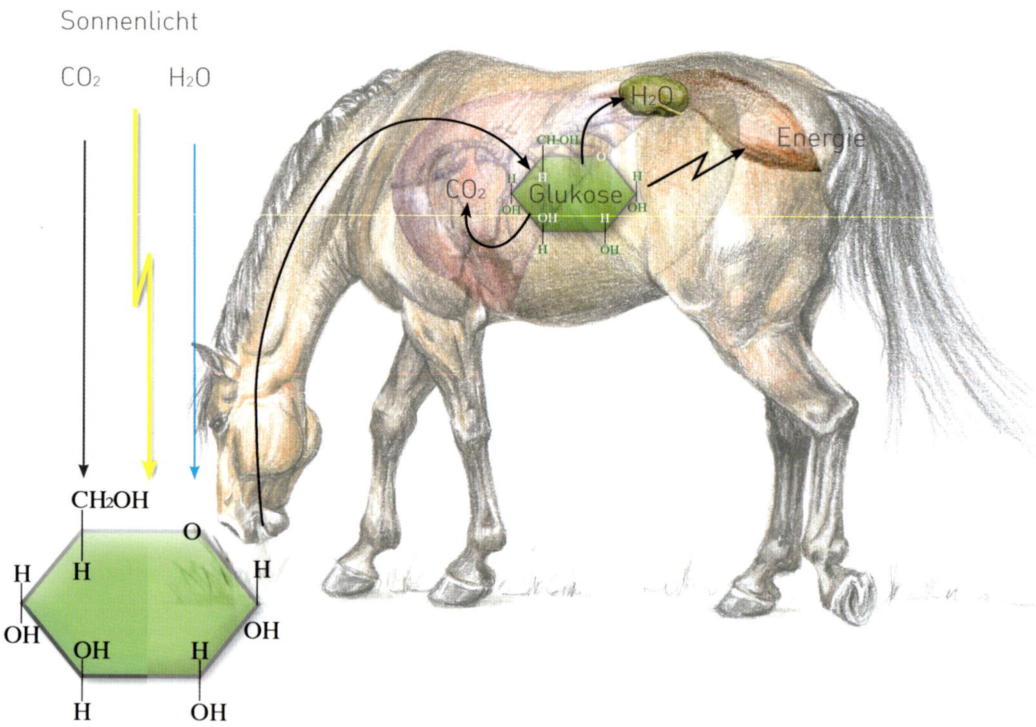

Sonnenlicht

CO_2 H_2O

CH_2OH

CO_2 Glukose H_2O Energie

Pflanzen bilden Zuckermoleküle aus CO_2 und H_2O. Der Pferdestoffwechsel zerlegt den Zucker wieder in seine Bausteine und die frei werdende Energie wird zum Beispiel für Muskelarbeit verwendet.

Beim Pferd findet die Verdauung im Verdauungstrakt statt. Dort wird die Nahrung zuerst mechanisch zerkleinert und schließlich chemisch in ihre Bausteine zerlegt. Der Stoffwechsel beginnt also mit der Aufnahme der Nahrung durch das Maul und endet mit der Verwendung der chemischen Energie und der Nahrungsbausteine für Aufbauvorgänge in der Zelle.

Maulbereich

Das Pferd ist ein Pflanzenfresser und findet auf seinen Wanderungen ein reichhaltiges Angebot an Pflanzen, von denen es sich ernähren kann. Sein Problem ist es, an die Nährstoffe zu gelangen. Es muss die starke Pflanzenzellwand aus Zellulose aufbrechen, die nur schwer ver-

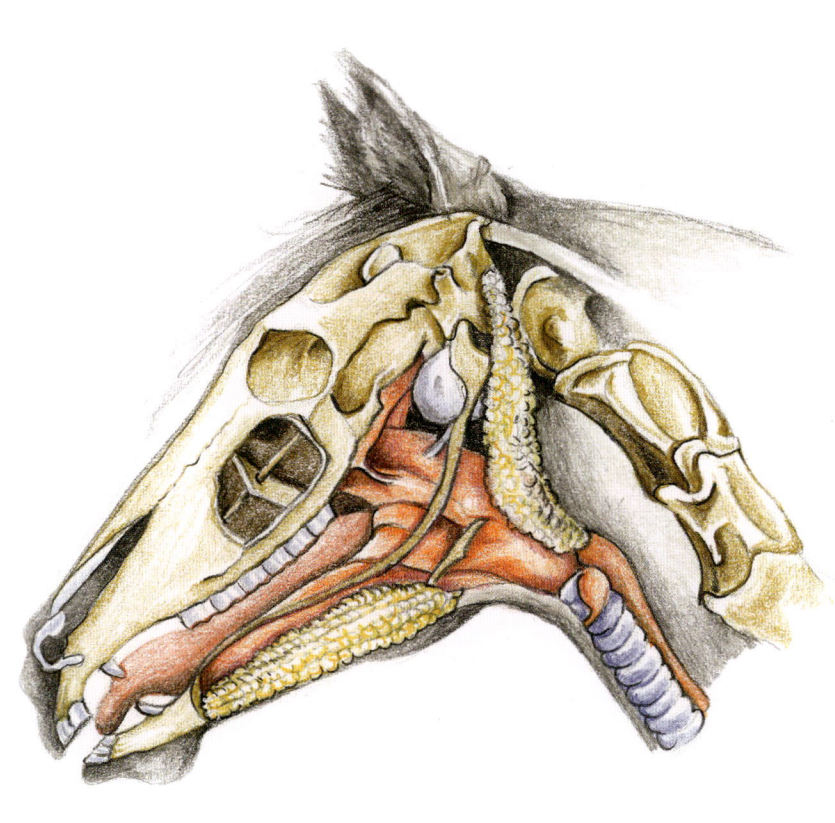

Verschiedene anatomische Strukturen des Schädels sind schon an der Futterverarbeitung beteiligt:
Lippen, Schneide- und Backenzähne, Speicheldrüsen, Zunge und Kehlkopf.

daulich ist. Dafür verwendet es Mikroorganismen in seinem Dickdarm, die durch Fermentation die Zellulose zersetzen und in für das Pferd verwertbare Nährstoffe verwandeln.

Im Maulbereich beginnt die Verdauung mit der Futteraufnahme durch Lippen, Zunge und Schneidezähne. Die Lippen sortieren das Futter vor und ziehen es zwischen die Zähne. Das

Pferd hat im Gegensatz zum Rind oben und unten Schneidezähne, mit denen es das Gras abreißt. So kann es auch sehr kurzes Gras fressen. Anschließend zerkleinert das Pferd das Futter mechanisch mit den Backenzähnen und speichelt das Futter durch den Kauvorgang ein. Beim Kauen bewegt es das Futter mit der Zunge zwischen den Zahnreihen hin und her und

sortiert nicht schmackhafte Bestandteile wie Giftpflanzen aus. Sie fallen seitlich aus dem Maul heraus.

Kauen und Futterart

Beim Kauen von langfaserigem Heu macht das Pferd im Schnitt 3 000–3 500 Kaubewegungen pro Kilogramm Heu. Bei der Aufnahme von einem Kilogramm Kraftfutter hingegen nur 800–1 200 Kauschläge. Entsprechend benötigt das Pferd zum Fressen von einem Kilogramm Heu etwa 45–50 Minuten, für ein Kilogramm Kraftfutter jedoch nur 10–15 Minuten.

Beim Kauen von Pellets ist der Kauzirkel verlangsamt, da durch die Pellets die Kiefer weiter auseinandergedrückt werden. Sowohl horizontal als auch vertikal finden bei pelletierten Futtern ganz andere Kaubewegungen statt, mit größeren Verschiebungen im Kiefergelenk. Daher vermutet man, dass Zahnhaken schneller entstehen und größer sind, je mehr pelletiertes Kraftfutter ein Pferd frisst. Auch Belastungen im Kiefergelenk werden dadurch verursacht, die sich über die muskuläre Verspannung auf das Genick und von dort auf die Wirbelsäule übertragen.

Zähne

Die Zähne sind extrem wichtig für eine gute Futterverwertung. Die meisten Zahnprobleme sind von außen nicht zu sehen, sondern nur von der Maulhöhle aus und werden daher oft zu spät erkannt. Mit defekten Backenzähnen kann das Pferd das Futter nicht ausreichend kauen und die Futterverwertung ist deutlich herabgesetzt. Außerdem fressen Pferde mit Zahnschmerzen häufig deutlich langsamer und nehmen dadurch insgesamt weniger Futter pro Zeiteinheit auf als ein Tier mit gesunden Zähnen. Das Risiko für Erkrankungen wie Koliken ist bei Zahnproblemen deutlich erhöht.

Die Backenzähne der Pferde stellen spät ihr Wachstum ein, weil sich erst dann die kurzen Wurzeln bilden. Die Zähne schieben sich bis ins hohe Alter langsam aus den Zahnfächern heraus, etwa zwei Millimeter pro Jahr. Das entspricht ungefähr der Abnutzung der Zähne bei natürlicher Ernährung. Durch einseitige Kauleistung, Fehlstellungen und andere Probleme kann es zu einer ungleichmäßigen Abnutzung

wichtig

Gute Zähne sorgen für einen besseren mechanischen Aufschluss des Futters und damit für eine deutlich erhöhte Verwertbarkeit der enthaltenen Nährstoffe.

der Zähne kommen. Daher sollten Pferde etwa einmal im Jahr vom Pferdezahnarzt kontrolliert werden. Nur ein Pferd, das gut kauen
kann, ist in der Lage, sein Futter ausreichend
zu verwerten.

Speicheldrüsen

Der Speichel, der beim Fressen in die Maulhöhle abgegeben und dem Futter beigemengt
wird, entsteht in den Speicheldrüsen. Nur wenn
Futter im Maul ist, wird die Speichelbildung angeregt: Es ist ein Reflex, der durch Berührung
der Maulschleimhaut ausgelöst wird, ähnlich wie
der Kaureflex. Ohne Futter im Maul speichelt das
Pferd nicht – im Gegensatz zum Hund, der schon
speichelt, sobald er das Klappern des Futternap-
fes hört. Bei der Aufnahme von einem Kilo Heu
produziert ein Pferd durchschnittlich etwa fünf Liter Speichel. Die Menge von produziertem Speichel hängt jedoch von der Futterart sowie von der
Pferderasse ab und variiert auch individuell von
Pferd zu Pferd. So produzieren Pferde, die aus
feuchten Gebieten kommen, wie Tinker, Isländer
oder Friesen, tendenziell weniger Speichel und
neigen dadurch häufiger zu Husten bei Fütterung
von trockenem Heu.

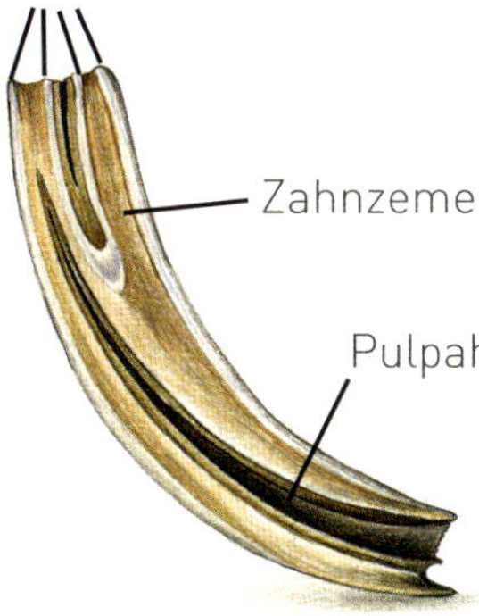

Zahnschmelz

Zahnzement

Pulpahöhle

5 Jahre

8 Jahre

11 Jahre

13 Jahre

> 20 Jahre

*Die Zähne des Pferdes verändern ihre Form im Lauf des
Pferdelebens, da sie vom Futter abgenutzt werden.*

Hastiges Fressen mit zu geringer Einspeichelung, zum Beispiel bei reichlichen Kraftfuttermahlzeiten ohne ausreichende Heufütterung, führt zu einer schlechteren Einspeichelung. Das wirkt sich auf den gesamten Verdauungsvorgang aus. Im Speichel des Pferdes ist bereits ein wichtiges Verdauungsenzym enthalten, das Pepsinogen. Es wird im Magen durch die Magensäure zu Pepsin aktiviert und beginnt dort mit der Verdauung von Proteinen. Der Speichel des Pferdes enthält außerdem Bikarbonate und Natriumchlorid, die im Magen als Puffer wirken. Die Menge dieser Puffer steht in direktem Verhältnis zur Speichelmenge. Die Pufferwirkung ist wichtig, damit die Magensäure abgepuffert wird und der pH-Wert im Magen reguliert werden kann. Ohne ausreichende und ständige Speichelproduktion übersäuert der Magen des Pferdes und Magengeschwüre sind die Folge. Außerdem enthält der Speichel des Pferdes viele Schleimstoffe, die eine Passage des Futters durch die Speiseröhre, beim Pferd Schlund genannt, ermöglichen. Hastiges Fressen oder große Kraftfutterrationen können daher zu Schlundverstopfungen oder leichten Beschädigungen der Schlundschleimhaut führen.

Schlundverstopfung

Pferde neigen aufgrund ihres langen und schmalen Schlundes zu Schlundverstopfungen. Auslöser können Pellets sein, die im Lauf der Passage aufquellen, aber auch kleine Äpfel oder Karottenstücke können den Schlund zusetzen. Man erkennt eine Schlundverstopfung daran, dass die Pferde mit nach vorn gestrecktem Hals dastehen, husten und würgende Geräusche machen und oft Nahrungsbrei aus den Nüstern herausläuft.

Schlund (Oesophagus)

Vom Maul erfolgt der Übergang durch den 120–150 Zentimeter langen Schlund, der beim Pferd nur einen Durchmesser von etwa 1,5 Zentimeter hat, in den Magen. Die Größe des Mageneingangs limitiert die Größe des schluckbaren Futters. Der Mageneingang wird verschlossen von einem starken Muskelring, dem sogenannten Sphinkter. Er verhindert das Aufsteigen des Mageninhalts in den Schlund und das Abgehen von Magengasen. Er ist beim Pferd so stark ausgeprägt, dass er sich praktisch nie öffnet, um Mageninhalt wieder in den Schlund aufsteigen zu lassen, auch wenn das Tier Übelkeit spürt. Daher können sich Pferde nicht erbrechen. Was einmal in den Magen gelangt ist, muss durch den Darm wieder hinaustransportiert werden. Der starke Sphinkter wird benötigt, damit Pferde sich nicht permanent übergeben, wenn sie vom Boden fressen.

Magen (Gaster)

Pferde verfügen nur über einen einhöhligen Magen, ähnlich wie die Fleischfresser und Allesfresser. Das unterscheidet die Verdauung des Pferdes grundlegend von der der Wiederkäuer, die über mehrere Mägen verfügen, in denen bereits bakterielle Fermentation stattfindet. Beim Pferd ist der Fermentationsprozess auf den Dickdarm beschränkt. Der Magen ist ein Muskelsack von etwa 15 Litern Inhalt, der durch peristaltische Bewegungen der Muskulatur den Nahrungsbrei vorwärtsbewegt. Er hat einen extrem kräftig ausgebildeten Schließmuskel, den Sphinkter, am Eingang und den Pylorus am Ausgang. Der Magen stellt nur ungefähr zehn Prozent des Verdauungsvolumens, ist also im Vergleich zur Pferdegröße sehr klein. Aus diesem Grund sollte ein Pferd – wie es beispielsweise die Weidehaltung erlaubt – kontinuierlich kleine Mengen fressen, damit der Magen nicht überladen und

Der Magen des Pferdes enthält verschiedene Regionen, in denen unterschiedliche Verdauungsschritte stattfinden.

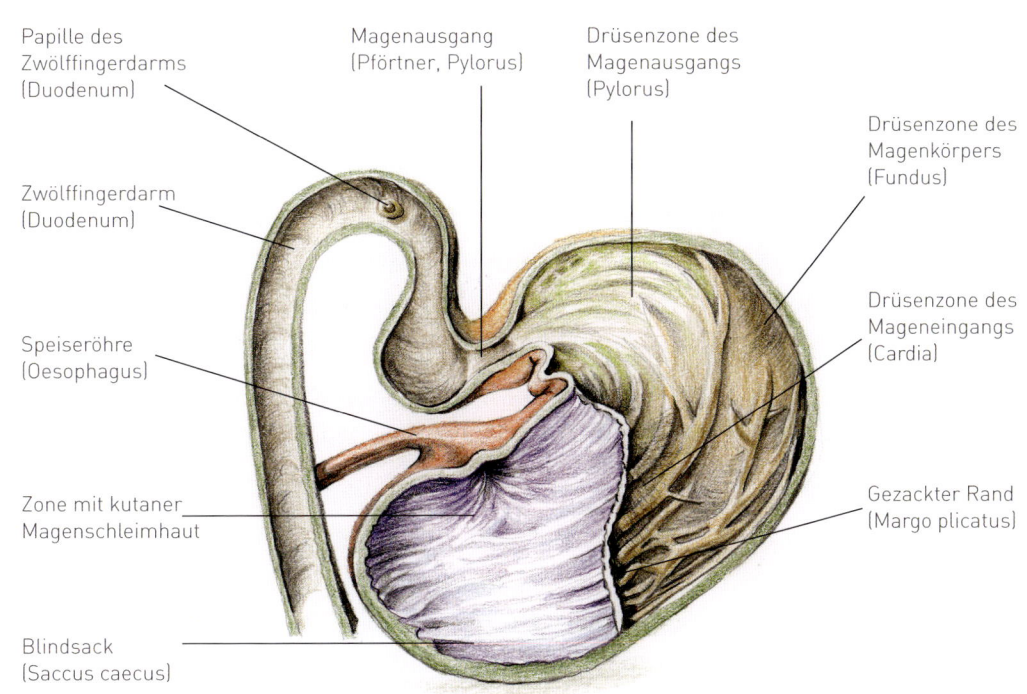

Papille des Zwölffingerdarms (Duodenum)

Magenausgang (Pförtner, Pylorus)

Drüsenzone des Magenausgangs (Pylorus)

Drüsenzone des Magenkörpers (Fundus)

Zwölffingerdarm (Duodenum)

Drüsenzone des Mageneingangs (Cardia)

Speiseröhre (Oesophagus)

Zone mit kutaner Magenschleimhaut

Gezackter Rand (Margo plicatus)

Blindsack (Saccus caecus)

die Verdauungsleistung des Dünndarms nicht überfordert wird. Durch die geringe Größe verbleibt das Futter nur relativ kurze Zeit im Magen, meist zwischen zwei und sechs Stunden. Unter natürlichen Fütterungsbedingungen ist der Magen des Pferdes praktisch nie leer.

Die Folgen von zu langen Fresspausen

Unter natürlichen Umständen wird das Futter nach zwei bis drei Stunden weitergegeben. Untersuchungen haben gezeigt, dass die Weitergabe des Nahrungsbreis verlangsamt wird, sobald kein Futter mehr in den Magen gelangt. So kommt es zu Verweilzeiten von bis zu sechs Stunden im Magen bei langen Fresspausen. Umgekehrt wird der Mageninhalt in den Dünndarm weitergegeben, sobald nach einer Futterpause wieder Futter im Magen ankommt. Lange Fresspausen führen demnach zu unnatürlich verlängerten Verweilzeiten des Nahrungsbreis im Magen und damit zu Fehlverdauung. Als „lang" wird hier ein Zeitraum von mehr als vier Stunden bezeichnet. Der Mageninhalt wird zu stark angesäuert; Magenschleimhautentzündungen und in Folge Magengeschwüre können entstehen.

Das von den Zähnen zermahlene Futter gelangt in den Magen und wird dort mit Magensaft vermischt. Wenn das Pferd säuft, wird das Wasser entlang einer Rinne durch den Magen und in den Dünndarm weitergeleitet, sodass es kaum zur Vermischung mit dem Nahrungsbrei kommt. Auf diese Weise wird eine Verdünnung der Magensäfte vermieden. Der Magen des Pferdes weist gegenüber der Anatomie von anderen einmagigen Tieren wie Hunden verschiedene Besonderheiten auf: Ein Großteil der Schleimhaut im vorderen Teil des Magens besteht beim Pferd nicht aus Drüsengewebe. Erst im hinteren Teil sind Drüsen in die Schleimhaut eingelagert. Man unterscheidet zusätzlich den Bereich, in dem Salzsäure dem Nahrungsbrei zugesetzt wird, vom Drüsenbereich, in dem das Enzym Pepsin zugesetzt wird. In diesem Bereich wird auch das Hormon Gastrin in den Blutkreislauf abgegeben, das eine wichtige Rolle in der Regulation der Verdauung hat. Gastrin regt seinerseits die Produktion von Magensäure und anderen Verdauungssäften an.

Der Magen des Pferdes produziert täglich etwa 10–30 Liter Verdauungssaft – auch während Hungerzeiten. Damit sich der Magen nicht selbst verdaut, ist die innere Haut im unteren Bereich von einer dicken Schleimschicht geschützt. Die Salzsäure kann bei langer Magenleerzeit, zum Beispiel bei einem Tag auf dem Sandauslauf ohne Heuzufütterung, allerdings auch diese Schleimhautschicht angreifen. Es kommt dann zu Entzündungen und Schäden der Magenschleimhaut durch die Salzsäure und die Verdauungsenzyme, die sich langfristig zu Magengeschwüren entwickeln.

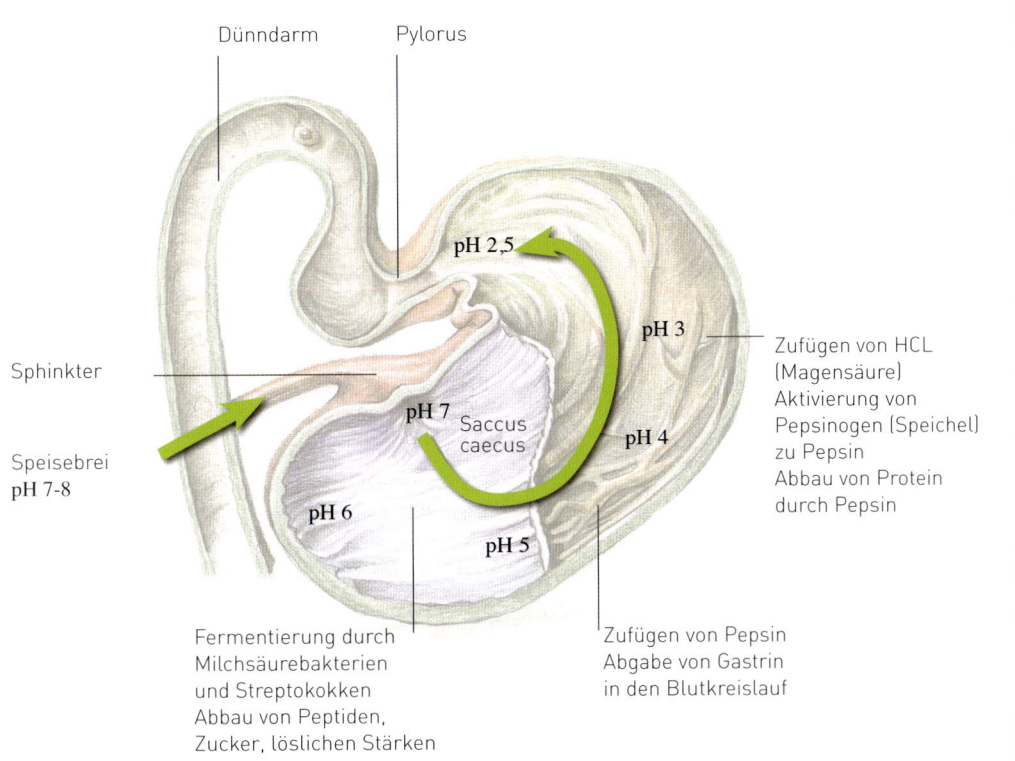

Dünndarm   Pylorus

pH 2,5

pH 3

Zufügen von HCL
(Magensäure)
Aktivierung von
Pepsinogen (Speichel)
zu Pepsin
Abbau von Protein
durch Pepsin

Sphinkter

pH 7   Saccus
caecus

pH 4

Speisebrei
pH 7-8

pH 6

pH 5

Fermentierung durch
Milchsäurebakterien
und Streptokokken
Abbau von Peptiden,
Zucker, löslichen Stärken

Zufügen von Pepsin
Abgabe von Gastrin
in den Blutkreislauf

Der Magen ist schon ein kompliziertes biochemisches Verdauungssystem, in dem alle Enzyme, Säuren, Schleimstoffe und Puffer ihre jeweilige Aufgabe erfüllen.

Die Salzsäuresekretion verlangsamt sich während der Leerzeit, sodass ein pH-Wert von 1,5–2,0 entsteht, der deutlich unter dem pH-Wert liegt, den der Magen in gefülltem Zustand hat. Der pH-Wert steigt dann schnell an, sobald Futter im Magen ist. Dafür sorgen unter anderem die im Speichel vorhandenen Puffersubstanzen. Sie regulieren zusammen mit dem Hormon Gastrin den pH-Wert. Daher sind die pH-Werte im mit Futter gefüllten Magen je nach Bereich unterschiedlich: Im Anfangsbereich liegen normalerweise pH-Werte von 5,4–6 vor, im Bereich des Pylorus Werte von 2,0–2,6. Wenn nach einer längeren Leerzeit aber ausschließlich Kraftfutter gefressen wird, steigt die Gastrinausschüttung deutlich langsamer, als der Magen mit Futter gefüllt wird. Der Magen kann dann seinen pH-Wert nicht mehr schnell genug absenken und es kommt insgesamt zu einem zu hohen pH-Wert, wodurch schädliche Mikroorganismen wie Bakterien und Pilze die Magenpassage leichter überleben und sich im Darm ansiedeln können.

pH-Wert und Futterverwertung

Das Hormon Gastrin wird ausgeschüttet, wenn die Magenwand durch Futteraufnahme gedehnt wird. Gastrin führt zur Produktion von Magensäure. Wird der Magen infolge zu hastiger Kraftfutteraufnahme ohne Raufutter nur kurz und schnell gedehnt, wird nur wenig Gastrin ausgeschüttet und zu wenig Magensäure gebildet. Der Magen weist dadurch insgesamt einen zu hohen pH-Wert auf. Dadurch wird auch Pepsinogen nicht effektiv aktiviert und die Verwertung der Proteine im Kraftfutter fällt deutlich geringer aus. Wird hingegen zuerst Raufutter gegeben, etwa 30 Minuten vor dem Kraftfutter, stellen sich die richtigen pH-Werte ein und die Nährstoffe werden optimal verwertet.

Im Anfangsbereich des Magens, dem Saccus caecus, der einen pH-Wert zwischen 5 und 6 hat, findet bereits eine geringe bakterielle Fermentierung statt: Milchsäurebakterien und bestimmte Streptokokkenstämme sowie Protozoen und Pilze verdauen die leicht verdaulichen Kohlenhydrate wie Einfachzucker und Stärke sowie freie Aminosäuren. Dabei entstehen unter anderem Milchsäure und kleine Mengen Butter- und Essigsäure als Abfallprodukte, die den Magensaft weiter ansäuern, sowie Gase, die normalerweise vom Blut aufgenommen werden. Bei mangelnder pH-Wert-Absenkung im Magen kann es zu einem übermäßigen Wachstum dieser Bakterien und damit übermäßiger Gasproduktion kommen. Die Gase können nicht mehr ausreichend vom Blut aufgenommen und abtransportiert werden, Gaskoliken können die Folge sein. Außerdem vermehren sich die Mikroorganismen explosionsartig und werden in den Darm eingetragen, wo sie natürlicherweise nicht hingehören. Das führt zusammen mit dem Überleben vieler Keime aus dem Futter durch den zu hohen Magen-pH-Wert dazu, dass sich die Darmflora verschiebt und die Nährstoffe im Darm schlechter verwertet werden.

Mit dem Transport des Futters durch den Magen sinkt normalerweise der pH-Wert in den Bereich von 2–2,6 ab und das Enzym Pepsinogen aus dem Speichel wird aktiviert zu Pepsin. Dadurch wird die bakterielle Fermentierung gestoppt und der enzymatische Abbau der Proteine zu Peptiden beginnt. Obwohl beim Pferd Amylase im Speichel fehlt, wird lösliche Stärke im vorderen Bereich des Magens bereits durch bakterielle Zersetzung zu Zucker abgebaut. Zelluloseabbau findet im Magen nicht statt. Ebenso passieren Fette den Magen unverändert. Vom Magen gelangt der Nahrungsbrei durch den Pylorus in den Dünndarm.

Futterart und Verdauungsgeschwindigkeit

Die Verweildauer des Futters in den einzelnen Abschnitten des Verdauungstrakts ermöglicht die Zugabe von Verdauungsenzymen, die Resorption der Verdauungsprodukte, die Fermentierung von Bestandteilen durch Bakterien, die Resorption der bakteriellen Produkte und die Wasserrückgewinnung. Man unterscheidet bei der Verdauungsgeschwindigkeit normalerweise drei Abschnitte: Magen, Dünndarm und Dickdarm.

Die Durchtrittszeit durch den Verdauungstrakt variiert mit dem angebotenen Futter. So führt Weideland zu einer schnelleren, Heu zu einer langsameren Passage. Raufutter hat eine wesentlich längere Verweildauer im Verdauungstrakt als Kraftfutter, unabhängig von der Partikelgröße.

Für die Passage des Futters durch den Magen und später durch den Darm spielen noch zwei weitere Faktoren eine Rolle: Der eine ist das Verhältnis von löslichen Kohlenhydraten (Zucker und Stärke) zu unlöslichen Kohlenhydraten (Zellulose und Lignin). Je höher der Anteil unlöslicher Kohlenhydrate, desto schneller die Magenpassage.

Eine reine Kraftfuttergabe ohne Heu führt also zu einer längeren Verweildauer des Futters im Magen bei gleichzeitig ungünstiger pH-Wert-Absenkung.

Der zweite Faktor, der für die Passage eine Rolle spielt, ist die Größe der Partikel, vor allem der unlöslichen Kohlenhydrate, der Raufaser. Ab einer Größe von zwei Millimeter verlangsamen die nicht löslichen Kohlenhydrate die Verdauung. Damit diese Partikel klein genug sind, müssen die Pferde lange gründlich kauen sowie gute Zähne haben. Zahnprobleme führen unmittelbar zu größeren Partikeln, die Verdauung wird dann zum Teil erheblich verlangsamt, Verstopfungskoliken und Fehlgärungen mit Kotwasser oder Gaskoliken können die Folge sein. Durch das Beimengen zerhäckselter Strukturbestandteile in Mischfuttern, sogenannter „Strukturmüslis", gelangen schlecht zerkaute, große Fasern in den Magen-Darm-Trakt und führen dort zu einer erheblichen Verlangsamung der Magen-Darm-Passage. Fehlgärungen im Magen, Einschleppen von Mikroorganismen in den Dünndarm, pH-Wert-Absenkung im Dünndarm sowie Fehlgärungen im Dickdarm, die dann zu Kotwasser, Durchfall oder Koliken führen, können folgen.

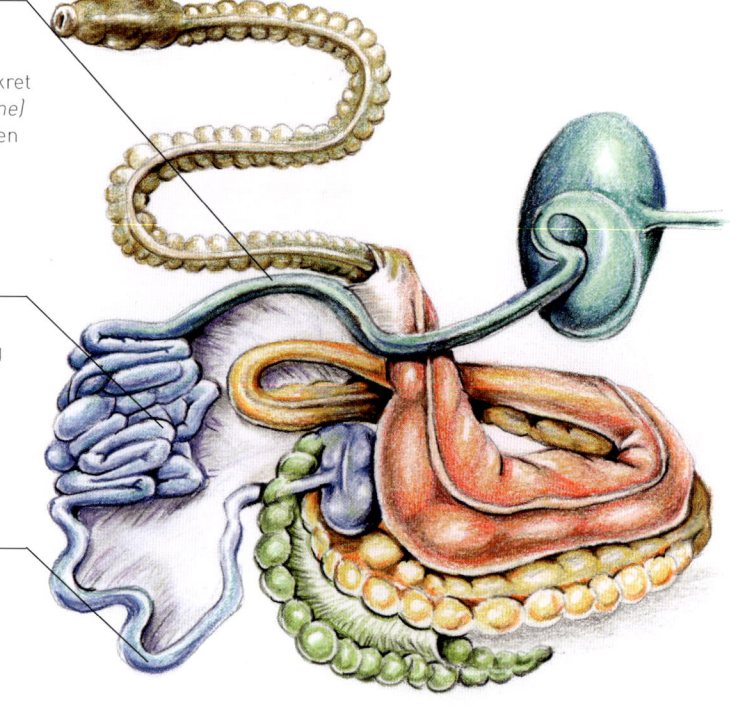

**Zwölffingerdarm
(Duodenum)**

pH 7 - 7,5
Eingang von Galle und
Bauchspeicheldrüsensekret
(Neutralisierung + Enzyme)
Beginn der Enzymatischen
Verdauung

**Leerdarm
(Jejunum)**

pH 7,8 - 8,2
Enzymatische Verdauung
und Nährstoffadsorption

Hüftdarm (Ileum)

pH 8,2
Nährstoffadsorption
Übergang der Nahrung
in den Dickdarm

Der Dünndarm des Pferdes ist in verschiedene Abschnitte eingeteilt, die unterschiedliche Aufgaben in der Verdauung haben.

Dünndarm
(Intestinum tenue)

Das Pferd hat mit einer Länge von 20–30 Meter und einem Volumen von 55–70 Litern einen relativ kleinen Dünndarm im Verhältnis zu seinem Körpergewicht. Der Nahrungsbrei passiert den Dünndarm relativ schnell. Bereits 45 Minuten nach dem Fressen gelangt der erste Nahrungsbrei in den Dickdarm. Dabei bewegt sich das Futter langsamer durch den Magen-Darm-Trakt, wenn das Pferd immer so viel Raufutter zur Verfügung hat, wie es möchte. Nach längerer Leerzeit gelangt das Futter in sehr kurzer Zeit bis in den Dickdarm. Die Nährstoffaufnahme im Dünndarm ist damit erheblich herabgesetzt.

wichtig

Kraftfutter vor Raufutter – insbesondere nach mehreren Stunden auf dem Auslauf ohne Raufutter – ist aus Sicht der Nährstoffverwertung kontraproduktiv.

Ausreichende Mengen Raufutter sind also notwendig für eine optimale Verwertung des Kraftfutters. Mangelnde Raufutterversorgung führt zu schlechter Nährstoffausbeute, was zu erhöhten Kraftfuttergaben führt, die wiederum das Magen-Darm-System überlasten und die Darmflora stören. Der Großteil des Futters bewegt sich mit etwa 30 cm/min durch den Dünndarm. Die Bewegung des Dünndarms wird dabei vom Nerven- sowie vom Hormonsystem gesteuert. Sie ist aber auch abhängig von der Größe der Nahrungspartikel. So verbleibt Futter mit Nahrungspartikeln kleiner als 1,6 Millimeter länger im Dünndarm und kann besser ausgenutzt werden. Damit das Pferd das Futter gut mit ausreichenden Kauschlägen zermahlen kann, sollte es vor oder zum Kraftfutter immer Raufutter bekommen. Außerdem sollte es animiert werden, das Kraftfutter gründlich zu kauen, zum Beispiel durch große Steine im Futtertrog oder durch Gabe des Kraftfutters über das Heu. Aufgrund der kurzen Verdauungszeit im Dünndarm sollten die Kraftfuttermahlzeiten so klein wie möglich sein.

Trotz der relativ kurzen Verweildauer wird im Dünndarm sehr viel enzymatisch verdaut und werden erstaunlich viele Nährstoffe absorbiert.

Der Nahrungsbrei, der in den Dickdarm gelangt, besteht im Wesentlichen noch aus Raufasern wie Zellulose, Hemizellulose, Lignin sowie aus unverdauter, langkettiger Stärke, unverdauten, langkettigen Proteinen, Mikroorganismen und Zelltrümmern. Im Dünndarm findet man auch Bakterien wie Laktobakterien und Streptokokken. Diese spielen jedoch für die Verdauung im Dünndarm keine Rolle, sie werden vom Magen mit dem Futterbrei mitgeschwemmt und sollten sich nicht im Dickdarm ansiedeln, sondern ausgeschieden werden. Dafür ist ein Dickdarmmilieu notwendig, das diesen Mikroorganismen nicht bekommt, also ein möglichst neutraler pH-Wert und das Fehlen von Zucker, Stärke, Proteinen und Pektinen. Optimal sind möglichst kleine Kraftfuttermahlzeiten bei reichlich Raufutter.

Über Faszien ist der gesamte Darm am Zwerchfell und an der dorsalen Bauchhöhle aufgehängt. Die Darmschleimhaut des Dünndarms ist außen von glatter Muskulatur umgeben. Das Verdauungsepithel kleidet den Dünndarm zum Lumen, also nach innen hin, aus und bedeckt die fingerähnlichen Darmzotten. Deren Epithel besteht aus Becherzellen, die Schleim und Verdauungssäfte produzieren und säulenförmig zwischen den Absorptionszellen liegen. Die Absorptionszellen nehmen die Nährstoffe aus dem Verdauungsbrei auf und geben sie an das Blutgefäßsystem oder an die Lymphe weiter. In jeder Darmzotte, die circa einen Millimeter hoch ist, befindet sich dazu ein Netzwerk aus Blut- und Lymphgefäßen. Von dort gelangen die Nährstoffe vor allem zur Leber. Zusätzlich hat jede Zelle des Darmepithels Ausstülpungen der Zellmembran, die Mikrovilli. Diese

Anordnung aus Darmfalten, Zotten und Mikrovilli vergrößert die Oberfläche des Darms um etwa das 500-Fache. So ist die Fläche für die Aufnahme der Nährstoffe größer.

Der Dünndarm besteht aus drei Teilen: Zwölffingerdarm, Leerdarm und Hüftdarm:

Zwölffingerdarm (Duodenum)

Dieser Teil des Dünndarms ist etwa 1–1,5 Meter lang und schließt unmittelbar an den Magenausgang an. Die Eingänge aus dem Gallen- und dem Bauchspeicheldrüsensystem liegen etwa 15 Zentimeter hinter dem Magenausgang. Hier wird der saure Nahrungsbrei aus dem Magen (pH 2,5–3,5) durch Galle und Bauchspeicheldrüsensekret neutralisiert zu pH 7,0–7,5. In diesem pH-Bereich können die Verdauungsenzyme des Dünndarms optimal arbeiten. Sie werden bei saurem pH-Wert zerstört. Mit dem Bauchspeicheldrüsensekret werden auch die wichtigsten Verdauungsenzyme in das Darmlumen abgegeben. Die Brunner'schen Drüsen in der Darmschleimhaut produzieren außerdem Bikarbonat und Schleim, sodass der pH-Wert des Nahrungsbreis während des Transports durch den Darm noch weiter ansteigt. Im Duodenum beginnt der Hauptteil der enzymatischen Verdauung. Da sowohl Duodenum als auch Jejunum über Darmzotten verfügen, werden auch erste Spaltprodukte der Verdauung in den Körper aufgenommen und abtransportiert. Beispielsweise werden Zucker und Aminosäuren gleich zu Beginn der Dünndarmpassage absorbiert.

Leerdarm (Jejunum)

Im anschließenden Jejunum wird weiteres Bikarbonat aus der Darmschleimhaut dem Nahrungsbrei zugesetzt. Dadurch steigt der pH-Wert auf 7,8–8,2. Dieser hohe pH-Wert fördert jetzt auch die Aufnahme der Nährstoffe durch die Darmschleimhaut. Lieberkühn'sche Drüsen in der Darmwand transportieren aktiv Chloridionen in das Darmlumen, sodass Wasser dem Chlorid folgt und der Nahrungsbrei noch weiter verflüssigt wird. Viele Darmkrankheitserreger stimulieren diese Drüsen mit der Folge Durchfall. Auch hier ist durch die Darmzotten und Mikrovilli die Oberfläche vergrößert: Die Spaltprodukte können besser aufgenommen und entweder mit dem Blutstrom oder mit der Lymphe abtransportiert werden. Der hintere Abschnitt vom Jejunum absorbiert den größten Anteil an Nährstoffen aus dem Nahrungsbrei.

Hüftdarm (Ileum)

Dies ist der letzte Dünndarmabschnitt, der in den Blinddarm mündet. Die Ileozäkalklappe (Papilla ilealis) an seinem Ende ist ein Einwegventil und verhindert, dass Darminhalt aus dem Dickdarm in den Dünndarm zurückfließen kann. Durch Kontraktion des hinteren Ileum-Abschnitts wird der Nahrungsbrei etwa drei- bis sechsmal pro Stunde in Portionen von 200–1 500 Milliliter mit Druck in den Blinddarm gepresst. Das ist das sogenannte Einspritzgeräusch, das der Tierarzt bei Kolikverdacht abhört, um festzustellen, ob noch Nahrung den Übergang von Dünndarm zu Dickdarm passiert. Ist die Ileozäkalklappe blockiert, so können Bakterien vom Dickdarm in den Dünndarm eindringen und zu Durchfällen, Darmschleimhautentzündungen und Abmagerung trotz ausreichender Fütterung führen.

Aufschluss von Nährstoffen im Dünndarm

Der saure Verdauungsbrei wird im Duodenum durch die Einwirkung von Gallenflüssigkeit und Bauchspeicheldrüsensekret neutralisiert und so ein neutrales Darmmilieu geschaffen. Damit können die Verdauungsenzyme aus der Bauchspeicheldrüse ihre Aufgabe erfüllen. Durch die Berührung der Duodenum-Wand mit dem sauren Nahrungsbrei wird außerdem die Ausschüttung des Hormons Secretin angeregt. Secretin ist der Gegenspieler zu Gastrin. Es reduziert die Produktion der Magensäure und regt die Bauchspeicheldrüse an, ihr bikarbonatreiches Sekret abzugeben, um den Nahrungsbrei zu neutralisieren.

Das Bauchspeicheldrüsensekret ist reich an Natrium, Kalium, Chlorid und Bikarbonaten und enthält Spuren von Trypsin. Die Bikarbonate puffern die im Magen durch die Fermentation entstandenen, leicht flüchtigen Fettsäuren (Buttersäure, Essigsäure) ab, während Natrium und Kalium die Salzsäure mit neutralisieren. Außerdem enthält das Bauchspeicheldrüsensekret folgende Verdauungsenzyme:

- Peptidasen zum Abbau von Proteinen und Peptiden
- Nukleasen zum Abbau von DNA und RNA
- Amylase zum Abbau von Stärke
- Lipasen zum Abbau von Fetten

Viele dieser Verdauungsenzyme werden erst im Darm aktiviert, damit sich die Bauchspeicheldrüse nicht selbst verdaut. Umgekehrt kann es bei Krankheiten, in denen Nahrungsbrei in den Ausführgang der Bauchspeicheldrüse gerät, dazu kommen, dass die Bauchspeicheldrüse von ihren eigenen Verdauungsenzymen zerstört wird. Von Natur aus enthält das Bauchspeicheldrüsensekret des Pferdes relativ wenig Amylase und Lipasen, da die natürliche Nahrung Stärke und Fett nur in sehr geringen Mengen enthält.

wichtig

Die Verhältnisse der Verdauungsenzyme passen sich der angebotenen Futterzusammensetzung an. Daher sollten Futterumstellungen, insbesondere von Kraftfutter, nie abrupt, sondern im Zeitraum über zwei Wochen erfolgen.

Die Galle hat zwei Funktionen: Sie entsorgt Abfallstoffe aus der Leber und wirkt als Verdauungssekret. Neben der Neutralisierung des Nahrungsbreis aus dem Magen wird die Gallenflüssigkeit für die Emulgierung der Fette benötigt, damit die Lipasen eine größere Angriffsfläche haben. Das Pferd hat im Gegensatz zu Fleischfressern keine Gallenblase, da die Verdauung nicht auf die plötzliche Emulgation größerer Mengen

Fett ausgelegt ist: Die Gallenflüssigkeit wird permanent ins Darmlumen abgegeben, weil das Pferd unter natürlichen Umständen ständig Nahrungsbrei durch den Darm bewegt. Übermäßige Fütterung von Fetten und Ölen ist beim Pferd kontraproduktiv, da es diese Fette weder ausreichend emulgieren kann noch genügend Lipasen produziert, um die Fette auch verwerten zu können. Unverdaute Fette werden aufgenommen, die den Stoffwechsel belasten und über Haut und Leber wieder ausgeschieden werden müssen.

Trifft saure Nahrung im Dünndarm ein, wird die Produktion der Gallenflüssigkeit noch stärker stimuliert. Auf diese Weise fördert Futter die Entgiftung der Leber, da die Gallenflüssigkeit auch Abfall aus der Leber transportiert. Lange Hungerzeiten führen entsprechend zu schlechter Entgiftung.

Verdauung von Kohlenhydraten im Dünndarm

Im Dünndarm des Pferdes werden enzymatisch vor allem Zucker (Saccharose, Glukose) und Stärke verdaut. Strukturkohlenhydrate der Pflanzen wie Zellulose oder Lignin können hier nicht verdaut werden, da sie erst im Dickdarm mikrobiell fermentiert werden. Stärke besteht aus Zuckereinheiten, miteinander zu spiraligen Ketten verknüpft, verzweigt oder unverzweigt. Je komplizierter ein Stärkemolekül aufgebaut ist, desto länger dauert seine enzymatische Verdauung. Im Getreide liegen vor allem zwei Formen von Stärken vor: die einfach gebauten Amylosen aus 50 bis 2 000 Glukoseeinheiten und das kompliziert gebaute Amylopektin

aus 2 000 bis 200 000 Glukoseeinheiten. Amylopektin macht dabei etwa 70 bis 80 Prozent der Getreidestärke aus. Stärke muss zunächst im Dünndarm zu Glukoseeinheiten aufgebrochen werden, damit diese Bausteine aufgenommen werden können. Später werden sie von der Leber des Pferdes wieder zu größeren Molekülen, dem Glykogen, zusammengesetzt, damit der Körper sie speichern kann. Die Zusammensetzung der verschiedenen Stärketypen bestimmt die Verdaulichkeit des Futters: Je kleiner die Stärkemoleküle, desto schneller die enzymatische Spaltung im Dünndarm, desto leichter verdaulich.

Eine Besonderheit ist die Fähigkeit des Pferdes, kleine Stärkemoleküle besonders effizient zu verdauen und aufzunehmen. Hier unterscheidet sich das Pferd deutlich von anderen Säugetieren, macht es aber anfällig für bestimmte Krankheiten, die durch eine zu hohe Menge an leicht verdaulicher Stärke und Zucker bedingt sind. Denn wie schnell die Glukosemoleküle in das Blut gelangen, hängt davon ab, wie schnell die Verbindungen zwischen den Zuckermolekülen aufgebrochen werden können. Amylasen verdauen die verschiedenen Stärkemoleküle durch Hydrolyse und ein aktives Transportsystem transportiert die Glukosebausteine in die Darmschleimhautzellen – zur Aufnahme in das Leberpfortsystem. Die Leber filtert dann den Zucker aus dem Blut und baut ihn um in Glykogen, um ihn zu speichern und bei Bedarf abzugeben.

Der größte Anteil der Getreide besteht aus komplexen, langkettigen und verzweigten Stärkemolekülen. Untersuchungen haben gezeigt, dass das Pferd aus unprozessiertem Getreide die ge-

Besonders leicht verdaulich

Hitzbehandelte Maisflakes
Gequetschter Hafer
Ganzer Hafer
Hitzbehandelte (geflockte) Gerste
Gebrochene / gequetschte Gerste
Ganze Gerste
Ganzer Mais

Besonders schwer verdaulich

Verschiedene Arten der Vorbehandlung wie Quetschen, Mahlen oder Hitzebehandlung führen zu einer doppelten bis vierfachen Ausbeute, also zu einer höheren Verdaulichkeit.

ringste Stärkemenge gewinnen kann. Die Passagezeit ist zu kurz, um enzymatisch die komplexen Stärkeverbindungen zu hydrolysieren.

Werden die Getreide hitzebehandelt, zum Beispiel geflockt, hydrothermisch aufgeschlossen, gepoppt oder gekocht, wird die Stärke für das Pferd leichter verdaulich. Zudem gelangt so keine Stärke in den Dickdarm, wo sie die Darmflora stören würde. Allerdings führt gerade der hydrothermische Aufschluss dazu, dass die Stärkemoleküle so weit zerlegt werden, dass sie im Dünndarm fast wie Zucker

31

wirken und sehr schnell den Blutzuckerspiegel in die Höhe treiben. Aber gerade darauf ist der Stoffwechsel des Pferdes nicht ausgelegt. Kohlenhydrate müssen von Natur aus für Pferde langsam verdaulich sein. Daher sollte von hydrothermischer Behandlung weitgehend Abstand genommen werden, außer bei rekonvaleszenten Pferden, denen man traditionell Mash mit Quetschhafer oder gekochte Gerste verabreicht.

wichtig

Gesunden Pferden sollte Getreide in seiner natürlichen oder gequetschten Form und in kleineren Portionen angeboten werden, die auch optimal im Dünndarm aufgeschlossen werden können.

Haferstärke ist leichter verdaulich, wird also früher aufgeschlossen als Stärke von Gerste oder Mais. Haferstärke steht dem Körper schneller als Energielieferant zur Verfügung als Gerstenstärke. Wenn Pferde 2 g/kg Körpergewicht Stärke aus gequetschtem Hafer aufnehmen, werden 95 Prozent davon sofort nach Eintritt des Nahrungsbreis in den Dünndarm aufgenommen. Aufschluss von Getreide, sei es mechanisch oder thermisch, führt grundsätzlich dazu, dass mehr Zucker früher aufgenommen wird und als Energielieferant zur Verfügung steht. Nur muss diese Energie dann auch genutzt werden. Ohne entsprechende Arbeit, die die Energie nutzt, richtet sie mehr Schaden als Nutzen an.

Allerdings ist nicht nur die absolute Menge an Stärke, sondern auch die Art der Stärke und die Fütterungskombination ausschlaggebend für die Verwertung. Untersuchungen haben gezeigt, dass Kraftfutter ohne Raufutter zu einer viel schlechteren Stärkeverwertung führt, als wenn vor dem Kraftfutter Raufutter gegeben wird – Stärke gelangt in den Dickdarm. Auch die Menge macht das Gift: Bei einer Fütterung von 1,2 Kilogramm Kraftfutter gelangten zwischen einem Drittel und drei Vierteln der Stärke in den Dickdarm! Zu viel Kraftfutter pro Mahlzeit führt also zu einer Störung der Darmflora und damit zu einer schlechteren Nährstoffausbeute aus dem Raufutter. Denn durch das Vorliegen von Stärke im Dickdarm werden die Zellulose verdauenden Mikroorganismen verdrängt von Stärke fermentierenden, zum Beispiel Milchsäurebakterien. Auf diese Weise wird langfristig die Nährstoffgewinnung des Pferdes herabgesetzt, trotz oder gerade wegen großer Kraftfuttermengen.

wichtig

Pferde sind insgesamt nicht auf eine Fütterung angepasst, die reich an Stärke und Zucker ist. Dies sollte bei der Zusammenstellung des Kraftfutters beachtet werden.

Es wird zum Teil empfohlen, Pferden bis zu 4 g/kg Körpergewicht pro Mahlzeit zu füttern – bei drei Kraftfuttermahlzeiten täglich. Das würde bei einem Warmblut mit 600 Kilogramm Körpergewicht etwa 2,4 Kilogramm pro Mahl-

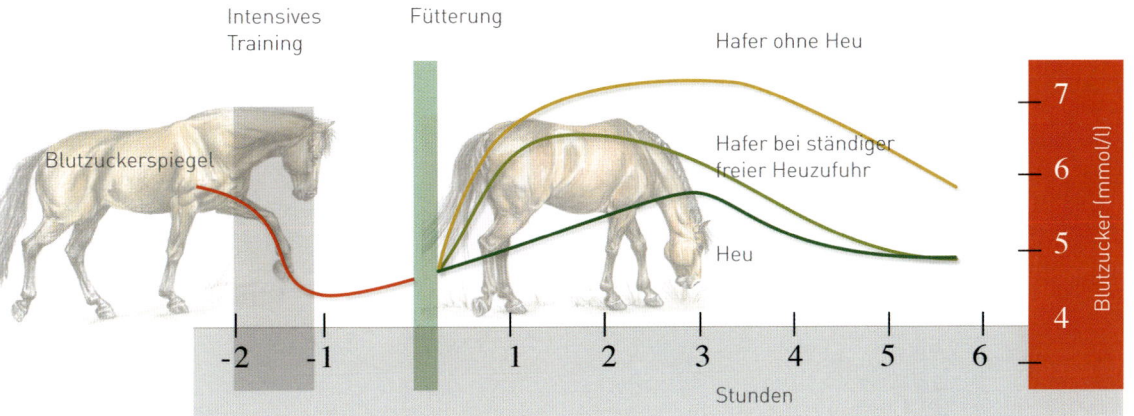

Der Blutzuckerspiegel steigt nach einer Kraftfuttermahlzeit deutlich an, während er nach Raufutter eher niedrig bleibt. Insbesondere Kraftfutter ohne Raufutter treibt den Blutzuckerspiegel nach oben.

zeit entsprechen, etwa 8–12 Liter Kraftfutter pro Tag. Allerdings konnten Untersuchungen zeigen, dass bei dieser Menge Stärke das Risiko von Hufrehe überproportional steigt. Bei solchen Empfehlungen sollte man immer bedenken, dass Pferde von Natur aus nur wenig Amylase in der Bauchspeicheldrüse produzieren können und nicht die Fähigkeit haben, solche Stärkemengen zu verdauen. Bei einem Überangebot von Stärke kommt es sehr schnell dazu, dass nicht nur Zuckermoleküle, sondern auch kleine Stärkemoleküle aufgenommen werden. Diese Stärke kann dann nicht mehr effektiv vom Körper abgebaut werden. Selbst wenn man die Verdaulichkeit durch thermische Behandlung erhöht, ist das Blutzuckerkontrollsystem beim Pferd nicht auf solche Anstiege des Blutzuckerspiegels ausgelegt. Das Pferd ist ein Steppen- und Tundrenbewohner und damit vom gesamten Stoffwechsel auf die Verdauung von Strukturkohlenhydraten optimiert.

Verdauung von Proteinen im Dünndarm

Im Dünndarm werden bei normaler Fütterung dreimal so viele Proteine hydrolysiert wie im Magen. Große, komplexe Proteinmoleküle, die vom Pferd nicht enzymatisch aufgeschlossen werden, gelangen in den Dickdarm und werden dort von Mikroorganismen verdaut. Ein Restanteil von Proteinen wird meist als unverdaulich wieder ausgeschieden. Proteine liegen in Form langkettiger, gefalteter Moleküle aus Aminosäuren vor. Damit das Pferd die Proteine aufnehmen kann, muss es sie zunächst in ihre Bausteine, die Aminosäuren, aufspalten.

Die Enzyme hierfür, die Proteasen, liefert vor allem die Bauchspeicheldrüse. Die Aminosäuren, die nach dem Abbau der Proteine entstehen, werden dann von den Absorptionszellen der Darmschleimhaut aufgenommen. Damit dieser Mechanismus funktioniert, ist die Aminosäure Lysin im Nahrungsbrei notwendig. Das heißt, dass die Qualität des gefütterten Proteins auch davon abhängt, wie hoch der Lysingehalt ist. Je geringer, desto schlechter die Aminosäureausbeute aus der Nahrung, auch bei hochgradig verfügbaren Proteinen.

Wie bei Kohlenhydraten gilt auch hier, dass Protein nicht gleich Protein ist. Da es sich auch um Verkettungen von Bausteinen handelt, schwankt die Verwertbarkeit mit dem Aufbau der Proteinmoleküle. So gibt es für das Pferd leicht verdauliche Proteine und schwer verdauliche Proteine. Wird viel Protein, zum Beispiel in Form von Kraftfutter oder Luzerne, gefüttert, erreicht auch sehr viel Stickstoff, der nicht in Form von Proteinen vorliegt, sogenannter Nicht-Protein-Stickstoff (NPN), den Verdauungstrakt. Dieser NPN liegt in der Regel als Harnstoff vor und ist die Folge der bakteriellen Verwertung der Proteine im Magen. Denn durch proteinreiche Fütterung, vor allem bei gleichzeitig sparsamer Raufütterung, vermehrt sich die Magenflora erheblich und Mikroorganismen werden in großer Zahl in den Dünndarm eingeschleppt. Als Abfall dieser Fermentierung entsteht NPN. Der Anteil an Stickstoff, der bei normaler Fütterung vom Dünndarm in den Dickdarm gelangt, besteht zu 25–40 Prozent aus NPN, wobei dieser Wert mit der Futterart schwankt. Je schlechter das Protein verwertbar ist – also je geringer die enzymatische Verdauung und je höher die bakterielle Fermentierung –, desto mehr NPN entsteht im Magen und Dünndarm und gelangt in den Dickdarm.

Man kann davon ausgehen, dass bei einem 500 Kilogramm schweren Pferd etwa 6–12 Gramm Harnstoff täglich durch die Ileozäkalklappe in den Dickdarm gelangt. Im Dickdarm wird NPN zu Ammoniak abgebaut. Der Ammoniak wird im Normalzustand von der Darmflora im Dickdarm zu 80–100 Prozent verwertet. Bei proteinreich gefütterten Pferden hingegen riecht der Kot beißend nach Ammoniak. Auch die Ställe, in denen sehr viel Kraftfutter oder Protein gefüttert wird, haben meist ein Problem mit der Stallluft wegen der hohen Ammoniakkonzentration im Kot. Gleiches gilt bei der Fütterung von Heulage, da diese einen wesentlich höheren Proteingehalt hat als Heu, der vom Pferd nicht effektiv verwertet werden kann. Umgekehrt wird bei proteinfreier Fütterung stets etwas Harnstoff vom Blutstrom in das Darmlumen abgegeben. Die Darmflora des Dickdarms benötigt also einen gewissen Anteil an Protein und NPN, aber nicht zu wenig und nicht zu viel.

Untersuchungen lassen darauf schließen, dass gleichzeitige Fütterung von Kraft- und Raufutter zu einem höheren NPN-Gehalt im Nahrungsbrei und zu einer deutlich geringeren Ausbeute an Nährstoffen aus dem Protein führt. Es ist also im Hinblick auf die Futterverwertung, vor allem der Proteine, in der Stallpraxis deutlich sinnvoller, zuerst Heu und danach Kraftfutter zu füttern. Selbst 30 Minuten Zeitversatz zwischen Heu und Kraftfutter erhöhen schon deutlich die Nährstoffausbeute aus dem Kraftfutter. Denselben Effekt erreicht man auch, wenn die Pferde ständig Heu zur freien Verfügung haben. Das lässt sich auch in Boxenställen durch Heunetze, spezielle Heuraufen und ähnliche Maßnahmen erreichen.

Die Darmschleimhaut ist durchsetzt von einem Immunsystem, das reagiert, wenn toxische oder pathogene Fremdmoleküle in Kontakt mit der Darmschleimhaut kommen. Das kann bis zu allergischen Reaktionen des Immunsystems auf Fremdstoffe führen, vor allem, wenn schon eine Vorschädigung des Stoffwechsels vorliegt. Thermische Behandlung des Futters, wie Flockung oder hydrothermischer Aufschluss, führen häufig zu einer Denaturierung der Proteine. Dadurch steigt das Allergierisiko dieser Moleküle, da solche denaturierten Proteine als schädliche Fremdmoleküle erkannt werden und im Übermaß eine allergische Reaktion des Immunsystems auslösen können.

Die Darmschleimhaut ist durchsetzt mit Immunzellen und Antikörpern, die mit dem Futter eingeschleppte Krankheitserreger und Giftstoffe bekämpfen.

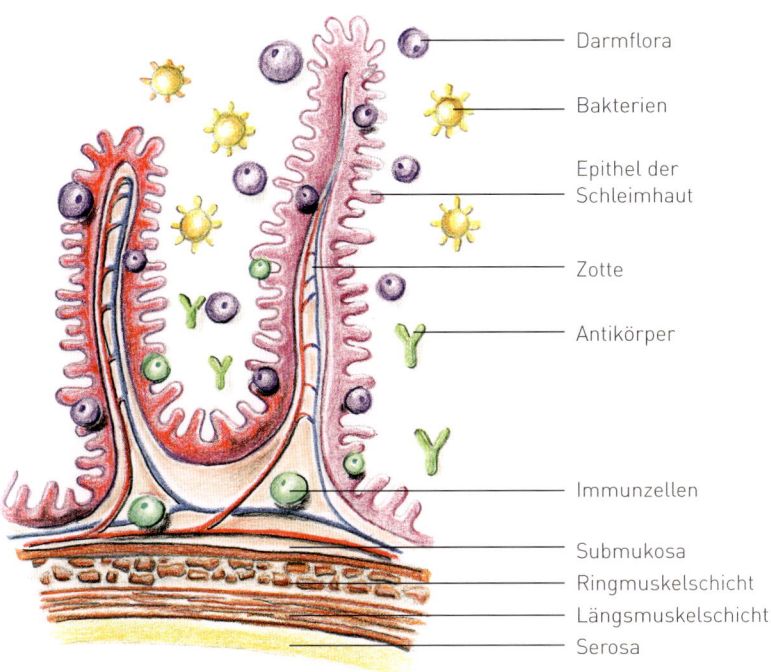

Darmflora

Bakterien

Epithel der Schleimhaut

Zotte

Antikörper

Immunzellen

Submukosa
Ringmuskelschicht
Längsmuskelschicht
Serosa

Das erklärt, warum immer häufiger Getreide-allergien bei Pferden nachgewiesen werden. Hintergrund ist meist ein chronisch entzünde-ter Darm in Kombination mit thermisch aufge-schlossenem Getreide.

Verdauung von Lipiden im Dünndarm

Das Pferd unterscheidet sich von anderen Säu-getieren dadurch, dass die Zusammensetzung seines Körperfetts von den aufgenommenen Fettsäuren abhängt. Das lässt darauf schlie-ßen, dass Lipide im Dünndarm auch absorbiert werden, wenn sie nicht enzymatisch verdaut werden können. Denn auch Fette sind komple-xe Moleküle, die aus einzelnen Bausteinen, in dem Fall Fettsäuren, aufgebaut sind. Vor allem kurzkettige Triacylglycerole werden vom Pferd leicht absorbiert und über das Pfortadersystem zur Leber transportiert, wo sie zu Ketonen ab-

Nur wenn Fett im Verdauungtrakt ausreichend emulgiert wird, können die Lipasen es auch verwerten. Unverdaut aufgenommene Fette stören den Stoffwechsel und müssen über die Haut ausgeschieden werden.

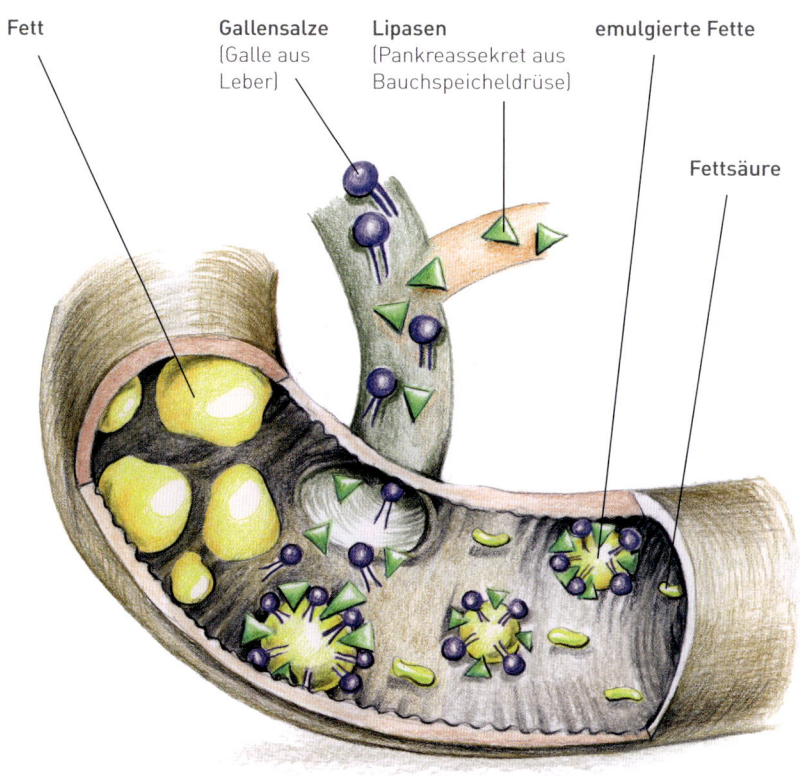

gebaut werden. Insgesamt ist die Fähigkeit zur Verdauung von Lipiden bei Pferden gering ausgeprägt, was sich auch in der geringen Menge an produzierten Lipasen spiegelt. Das liegt daran, dass Pferde Steppen- und Tundratiere sind und daher nur wenig Fettsäuren über ihre natürliche Nahrung zu sich nehmen. Diese sind meist in Form von fetthaltigen Samen im Raufutter enthalten, wobei die Öle aus diesen Samen langsam im Verdauungstrakt freigesetzt werden. Fettsäuren sind für Pferde kein primärer Energielieferant, sondern stehen für andere, Fettsäure verbrauchende Stoffwechselprozesse zur Verfügung.

Die wichtigsten Futterfette beim Pferd sind Triacylglycerine, Cholesterin und Phopholipide, vor allem Lecithin. Im Dünndarm werden normalerweise die Öle aus der Fütterung enzymatisch in ihre Fettsäuren aufgespalten und diese dann aufgenommen. Die Lipasen dafür stammen alle aus der Bauchspeicheldrüse. Die Gallensalze aus dem Gallensekret spielen eine wichtige Rolle bei der Emulgation dieser Fette, ebenso wie Lecithin, das die Emulgation noch unterstützt. Ohne Emulgation schwimmen Lipide bildlich gesprochen als Fettaugen im wässrigen Nahrungsbrei. Durch die Emulsion der Gallensalze werden die Lipide als kleinste Fetttröpfchen im Wasser gelöst. Die Oberfläche der Lipide wird damit vergrößert, sodass die Lipasen sie besser angreifen und hydrolysieren können. Es entstehen Fettsäuren und Glycerol. Diese werden direkt absorbiert, wobei auch unhydrolysierte Nahrungsfette als fein emulgierte neutrale Fettpartikel aufgenommen und über das Lymphsystem weitertransportiert werden.

Bei Pferden werden unverdaute Fette auch noch im Dickdarm absorbiert, was vor allem bei der Fütterung großer Ölmengen vorkommen kann. Doch viele Öle sind toxisch für die Darmflora. Bei natürlicher Fütterung produziert die Darmflora aber auch wertvolle Ölsäuren und stellt diese dem Pferd zur Aufnahme zur Verfügung.

Dickdarm (Intestinum crassum)

Pflanzenfresser haben eine Reihe Mechanismen entwickelt, um die in Pflanzen als Strukturkohlenhydrate gespeicherte Energie verfügbar zu machen. Während diese beim Fleischfresser Hund nur die Funktion von Ballaststoffen in der Verdauung erfüllen, sind sie für Pflanzenfresser der Hauptenergie- und Nährstofflieferant. Um diese enzymatisch nicht verdaulichen Kohlenhydrate aufzuschließen, haben Pferde einen Teil des Verdauungssystems für die bakterielle Fermentation umgebaut: den Dickdarm. Während beim Hund der Dickdarm nur etwa ein Prozent des Körpergewichts ausmacht, sind es beim Pferd etwa 13 Prozent. Der Durchmesser des Dickdarms variiert stark von Abschnitt zu Abschnitt. Seinen größten Durchmesser hat er im rechten dorsalen Colon, wo sich eine Aussackung mit bis zu 500 Millimeter befindet.

Etwa die Hälfte der Trockenmasse im Dickdarm des Pferdes sind Bakterien, Pilze und Protozoen, in ihrer Gesamtheit als Darmflora bezeichnet. Damit siedeln im Dickdarm etwa

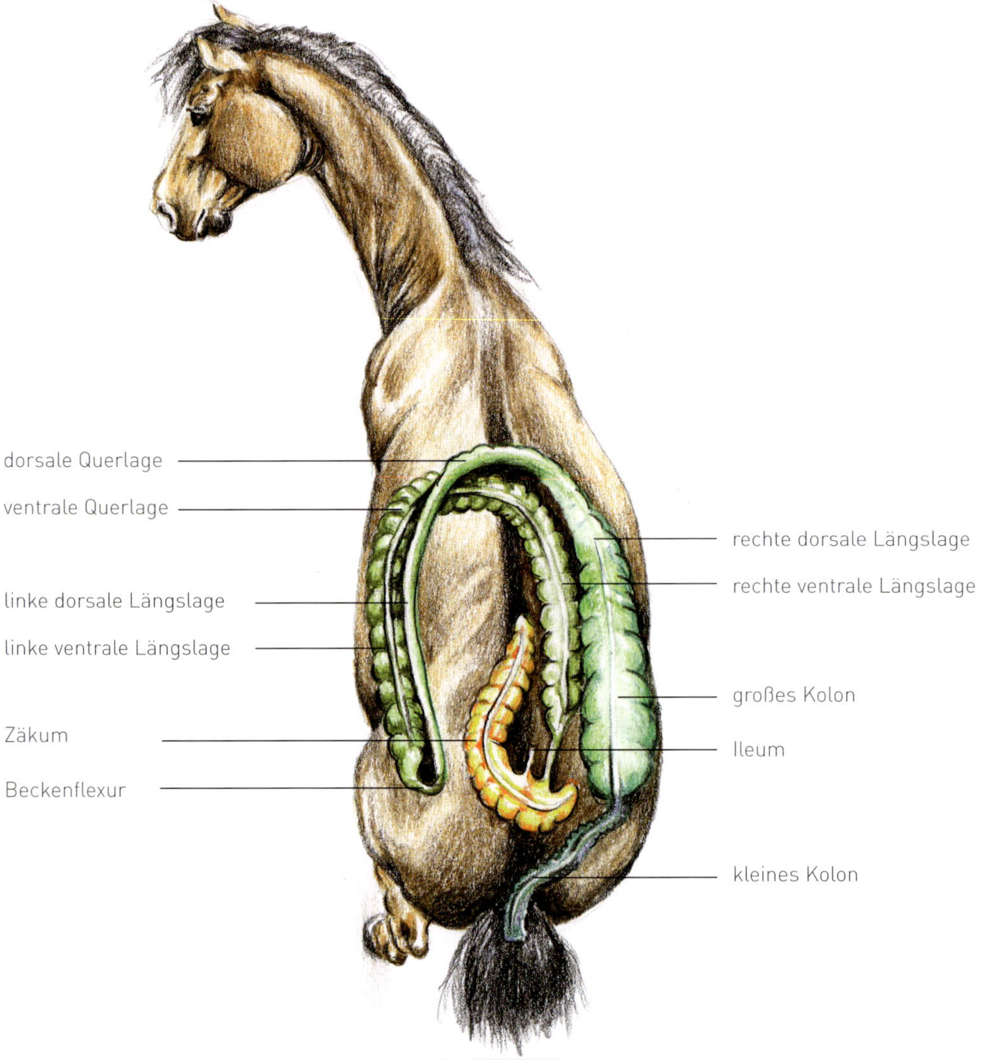

dorsale Querlage

ventrale Querlage

rechte dorsale Längslage

rechte ventrale Längslage

linke dorsale Längslage

linke ventrale Längslage

großes Kolon

Zäkum

Ileum

Beckenflexur

kleines Kolon

Der Dickdarm nimmt beim Pferd einen großen Teil der Bauchhöhle ein.

zehnmal so viele Mikroorganismen, wie das Pferd Körperzellen hat. Ihre Aufgabe ist es, die komplexen Strukturkohlenhydrate der Pflanzenkost, wie Zellulose, Hemizellulose, Pektin oder Lignin, so zu zerkleinern, dass ihre Bausteine anschließend aufgenommen und zur Energiegewinnung genutzt werden können. Dieser Prozess ist im Vergleich zur enzymatischen Verdauung im Dünndarm sehr langsam. Das bedeutet, dass der Durchfluss des Nahrungsbreis im Dickdarm verlangsamt werden muss, um eine ausreichende Verdauung dieser Strukturkohlenhydrate zu ermöglichen. Im Gegensatz zum Dünndarm enthält die Schleimhaut des Dickdarms keine enzymproduzierenden Zellen, sondern nur Schleim und Bikarbonat absondernde Zellen. Letztere sind vor allem beteiligt an der Neutralisierung von Endprodukten der Fermentation und an der effizienten Aufnahme von Nährstoffen.

Darmflora des Fohlens

Der Darm des neugeborenen Fohlens ist noch steril, er enthält keine Darmflora. Erst mit vier bis sechs Monaten können Fohlen die Energie aus Kraftfutter sinnvoll verwerten und mit fünf bis acht Monaten auch die Energie aus Raufutter voll aufschließen. Um Darmflora anzusiedeln, frisst das Fohlen Kot seiner Mutter, der mit Mikroorganismen aus dem Dickdarm durchsetzt ist. Damit das Fohlen einen gesunden Darm entwickeln kann, ist eine gesunde Darmflora der Mutterstute notwendig.

Die Kontraktionen des Dickdarms verstärken sich bereits während des Fressens. Große Kontraktionen schieben den Nahrungsbrei vom Blinddarm in den Colon. Andere Kontraktionen befördern Gase aus dem Blinddarm in den Colon, wo sie sehr schnell am Nahrungsbrei vorbei weiter in Richtung Anus transportiert werden. Die Passage des Nahrungsbreis durch den Dickdarm ist abhängig von einer guten Darmbeweglichkeit, wird aber vor allem vorangetrieben durch den Übertritt von einem Abschnitt des Colons in den nächsten über die Flexuren. In jedem Abschnitt wird der Nahrungsbrei durch die Darmmuskulatur gut durchmischt. Rückfluss des Nahrungsbreis von einem Darmabschnitt in den vorhergehenden ist kaum zu beobachten. Dafür sorgen:

- die Ileozäkalklappe zwischen Dünndarm und Dickdarm.
- das schlitzförmige Ventil zwischen Dickdarm und Blinddarm (Orificium caecocolicum).
- die Becken-Flexur (ventrodorsale Colon-Flexur), die den ventralen vom dorsalen Colon-Abschnitt trennt.
- dorsal in Höhe der Niere die Übergangsstelle, an welcher der Nahrungsbrei in den kleinen Dickdarm übertritt.

Verstopfungen entstehen meist an diesen Stellen, da hier der Durchfluss erschwert ist. Zusätzlich hängen Verstopfungen direkt mit der Partikelgröße zusammen. Partikel kleiner als 1,6 Millimeter verbleiben üblicherweise etwas länger im Dickdarm als Partikel größer als zwei Millimeter. Ab ungefähr fünf Millimeter Größe verlängert sich jedoch die Verweildauer im Dickdarm. Fasern von zwei Zentimeter Länge

können bis zu einer Woche im Dickdarm verbleiben und führen häufig zu Fehlgärungen und Fäulnisprozessen im Dickdarm. Ligninhaltige Fasern, wie sie aus Futterstroh entstehen, passieren den Darm üblicherweise schneller als zellulosehaltige Fasern aus dem Heu. Beim Pferd ist die Dauer der Darmpassage deutlich abhängig von der physikalischen Form des Futters. Die durchschnittliche Verweildauer von Kraftfutter mit Raufutter im Verdauungstrakt wird mit 34–43 Stunden angegeben. Pelletierte Futter passieren den Darm schneller als Kurz- oder Langheu. Frisches Gras wird schneller verdaut als Heu. Reine Heufütterung führt im Schnitt zu 21–40 Stunden Verweildauer, wobei die Zeit länger wird, je länger das Pferd fressen kann. Starker Holzanteil im Heu führt zu kürzeren Verweilzeiten. Die Ausbeute an Nährstoffen aus dem Raufutteranteil des Futters variiert entsprechend. Esel haben dabei eine höhere Ausbeute als Ponys. Diese wiederum haben eine höhere Ausbeute als Vollblüter.

Während die Verweildauer im Dünndarm abhängig ist von der gefütterten Menge – wenige große Mahlzeiten werden schneller durch den Dünndarm transportiert als mehrere kleine Mahlzeiten –, wird die Verweildauer im Dickdarm kaum von der aufgenommenen Futtermenge beeinflusst.

Ständige Heuzufuhr in Kombination mit mehreren kleinen Kraftfuttermahlzeiten führt zu einer optimalen Verweildauer und Nährstoffverwertung.

Blinddarm (Caecum)

Der Dickdarm besteht aus drei Teilen: Der Blinddarm ist, wie sein Name bereits verrät, ein blind endender Darmabschnitt. Er ist bei den Fleischfressern und Allesfressern nicht sehr gut ausgebildet, da der größte Teil der Nahrung schon im Dünndarm abgebaut und absorbiert wird. Bei Pferden hingegen ist er etwa einen Meter lang und fasst durchschnittlich 33 Liter. Er beginnt in der rechten Leiste am Übergang zwischen Dünndarm und Dickdarm und verläuft beim Pferd nach dorsal in Richtung Niere. Am Anfang des Blinddarms befinden sich zwei Ventile, die sehr eng beieinanderliegen. Durch das erste Ventil (Ileozäkalklappe) tritt der Nahrungsbrei, der vom Dünndarm kommt, in den Blinddarm ein und wird dann innerhalb des Blinddarms weitertransportiert. Dieser Transportprozess findet sehr langsam statt, um die Bakterien unter den Nahrungsbrei zu mischen und die Fermentation zu starten. Das zweite Ventil (Orificium caecocolicum) entlässt den mit Bakterien durchsetzten Nahrungsbrei in den rechten ventralen Colon, wo er in Richtung Mastdarm weitertransportiert wird. Hier wird der Abbau der Strukturkohlenhydrate fortgesetzt. Der von der Blinddarmwand abgesonderte Schleim ist frei von Verdauungsenzymen.

Grimmdarm (Colon)

Der Colon stellt mit etwa zehn Meter Gesamtlänge und etwa dem doppelten Volumen des Blinddarms den Hauptanteil des Dickdarms. Der liegt beim Pferd in doppelter Hufeisenform in der Bauchhöhle. Deshalb spricht man vom linken und rechten ventralen Colon sowie vom linken und rechten dorsalen Colon. Die vier geraden Abschnitte des Colons sind durch Bögen miteinander verbunden. In der Reihenfolge, in welcher der Nahrungsbrei durch den Colon wandert, spricht man von Brustbein-, Becken- und Zwerchfellflexur. Die Flexuren trennen die verschiedenen Bakterienfloren in den einzelnen Abschnitten des Darms, haben aber den Nachteil, dass durch die engen Wendungen oft Verstopfungen entstehen. Die Hauptfunktion des Dickdarms ist es, die Strukturkohlenhydrate zu fermentieren und die entstehenden Zuckermoleküle aufzunehmen. Außerdem werden hier Aminosäuren, Fettsäuren, Vitamine, Mineralien und Spurenelementen aus den Pflanzenzellen und der Darmflora resorbiert. Im letzten Abschnitt des Colons findet vor allem die Wasserrückgewinnung und damit Eindickung des Kots statt.

wichtig

Gelangt unverdautes Kraftfutter in den Dickdarm, wird es auch hier von Mikroorganismen fermentiert. Das ist aber eine Fehlgärung, die zu Verschiebungen des Darmmilieus führt.

Mastdarm (Rectum)

Im Rektum, das beim Pferd nur etwa 30 Zentimeter lang ist, wird das unverdauliche Material bis zu seiner Ausscheidung aus dem After gespeichert. Während seiner Verweildauer im Rektum wird dem Kot weiterhin Wasser entzogen und die typischen Pferdeäpfel werden geformt.

Fermentation durch die Darmflora im Dickdarm

Die Fermentierung im Dickdarm des Pferdes hat verschiedene wichtige Aspekte:

- Die Darmflora baut die Zellulose in Zuckermoleküle ab, die dem Pferd als Energielieferanten zur Verfügung stehen.
- Durch den Abbau der Zellulose wird das Innere der Pflanzenzellen freigesetzt: Diese enthalten Mineralien, Spurenelemente, Vitamine, Bioflavone, Proteine, Aminosäuren, Fettsäuren und Zucker, die für die Nährstoffversorgung des Pferdes wichtig sind.
- Während ihres Wachstums produzieren die Darmbakterien essenzielle Fett- und Aminosäuren, die das Pferd aufnehmen kann.
- Die Darmflora ist ein Produzent der wasserlöslichen Vitamine der B-Gruppe und von Vitamin K2. Daher ist es bei einem Pferd mit gesunder Darmflora unmöglich, einen Mangel an B-Vitaminen zu erzeugen. Nur eine Störung der Darmflora führt zu einem Mangel, vor allem der Vitamine B_6 und B_{12}.

Anteil der Strukturkohlenhydrate im Gras

Die Zellwände der Pflanzen enthalten verschiedene Strukturkohlenhydrate. Bei Grassorten stellen sie ungefähr die Hälfte der Baustoffe, bei Kleesorten nur ein Viertel. Der Anteil an Strukturkohlenhydraten nimmt zu, je länger das Gras steht, also je älter es ist. Auch bei Trockenheit steigt der Anteil an Strukturkohlenhydraten. Sie werden von der Darmflora verdaut. Der Grad des Abbaus hängt ab von der Art dieser Kohlenhydrate und dem Anteil an Lignin, das sowohl für die normale Darmflora als auch für die Verdauungsenzyme des Pferdes unverdaulich ist und damit als Ballaststoff wirkt.

Der relativ kleine Eingangsbereich des Magens enthält bereits etwa 108–109 Bakterien/g Trockensubstanz. Die Bakterienarten gehören hauptsächlich zu den säureresistenten Arten, unter anderem Milchsäurebakterien, Streptokokken und Bellonella gazogenes. Diese Bakterien finden sich in geringen Mengen auch im Dünndarm und Dickdarm – offenbar vom Magen aus mittransportiert. Die höchste Konzentration der Milchsäurebakterien befindet sich im Magen. Dort verwerten sie schnell verfügbare Kohlenhydrate wie lösliche Stärke, Zucker und Peptide. Die

Bakterienpopulation im Dünndarm wird durch die Fütterung erheblich beeinflusst. So führen erhöhte Kraftfutterrationen, vor allem mit einem großen Anteil leicht verfügbarer Kohlenhydrate, zum Beispiel aus hydrothermisch aufgeschlossenen Getreiden, dazu, dass im Dünndarm Magenflora wächst. Zudem werden mehr Milchsäure und leicht flüchtige Fettsäuren, wie Buttersäure oder Essigsäure, produziert. Das ist ein Grund, warum der Kot von Pferden mit hohen Kraftfutterrationen, insbesondere hydrothermisch aufbereitet, sauer riecht. Als Nebenprodukte führt die mikrobielle Fermentierung von Raufasern, Stärke und Proteinen im Dickdarm zu größeren Mengen kurzkettiger, leicht flüchtiger Fettsäuren. Dazu gehören Essigsäure, Propionsäure und Buttersäure, aber auch Milchsäure, wenn Milchsäurebakterien im Dickdarm ein positives Milieu vorfinden. Der Anteil dieser Säuren schwankt mit der Art des Futters und mit dem Verhältnis von Kraftfutter zu Raufutter zu Leerzeit.

Die Flora des Blinddarms und Colons beim Pferd besteht hauptsächlich aus Bakterien mit etwa 0,5 x 109 bis 5 x 109/g Trockensubstanz. Sie verdauen hier nur noch wenig Stärke, vor allem die komplex gebaute Stärke, die im Dünndarm nicht aufgeschlossen werden konnte.

wichtig

Erreicht ein erhöhter Stärkeanteil im Nahrungsbrei den Dickdarm, werden die Zellulose abbauenden Pilze und Bakterien unterdrückt, gleichzeitig wachsen die Stärke abbauenden (Milchsäure-)Bakterien.

Es ist bis heute relativ wenig bekannt über die mikrobiellen Bedingungen der Pferdeverdauung und ihre Reaktionen auf die verschiedenen Fütterungsarten. In einer Ponystudie wurde nachgewiesen, dass die Zellulose abbauenden Bakterien etwa 2–4 Prozent der Gesamtflora darstellten. Dazu wurden 2×10^2 bis 25×10^2 Pilzeinheiten/g gefunden, von denen die meisten auch Zellulose abbauen. Außerdem siedelt das Pferd in seinem Blinddarm sogenannte Caecal-Bakterien und verschiedene andere Pilze sowie Protozoen an, die Pektine und Hemizellulose abbauen. Diese haben ein pH-Optimum von 5–6. Da der Dickdarm normalerweise einen höheren pH-Wert hat, ist die Verdauung dieser Strukturkohlenhydrate nur eingeschränkt möglich. Etwa 20 Prozent der vorhandenen Bakterien sind in der Lage, hochmolekulare Proteine zu spalten.

Die Darmflora des Pferdes ist also eine komplexe Gesellschaft verschiedenster Mikroorganismen, die auf unterschiedliche Nahrungsgrundlagen spezialisiert sind. Bei artgerechter Fütterung herrscht ein Gleichgewicht, bei dem die Zellulose abbauenden Spezies den Hauptanteil der Darmflora ausmachen. Fehler in der Fütterung, zum Beispiel zu große Kraftfuttermahlzeiten bei zu wenig Raufutter, hoher Pektinanteil im Futter oder reine Strohfütterung statt Heu, führen stets zu Verschiebungen in der Darmpopulation hin zu den Organismen, die auf diesen jeweiligen Anteil der Nahrung spezialisiert sind. Mit den Verschiebungen gehen häufig auch Änderungen im pH-Wert einher, da die verschiedenen Spezies unterschiedliche Bedürfnisse an den pH-Wert haben. So benötigen die Zellulose abbauenden Mikroorganismen einen pH-Wert von 6,9–7. Der stellt sich ein, wenn man Pferden ausschließlich Heu füttert. Milchsäurebakterien hingegen bevorzugen einen pH-Wert von 5–6. Zu diesem Wert kommt es, wenn man viel Kraftfutter und wenig Heu (pH 6,25) oder wenn man Heulage (pH 5–6) füttert. Dann können sich auch die Bakterien, Pilze und Protozoen vermehren, die Pektin und Hemizellulose verdauen, und sie verdrängen damit weiter die eigentliche Darmflora.

wichtig

Insbesondere die Fütterung von Heulage und pektinhaltigen Krippenfuttern wie Apfeltrester oder Zuckerrübenschnitzeln ist schädlich für die Darmflora.

Die Anzahl der spezifischen Mikroorganismen im Dickdarm kann innerhalb von 24 Stunden dramatisch wechseln, vor allem wenn die Pferde Leerzeiten über vier Stunden haben, in denen kein Raufutter zur Verfügung steht. Die Darmflora reflektiert dabei die veränderten Bedingungen im Darm bei langen Hungerzeiten. Füttert man großzügig Raufutter zwischen den Kraftfuttermahlzeiten, wirkt sich das positiv auf die Darmflora aus – sowohl was die Anzahl der Mikroorganismen angeht als auch ihre Verteilung im Darm und die pH-Wert-Stabilität. Die Fütterungsfrequenz hat zwar einen eher geringen Einfluss auf die Nährstoffausbeute des Futters, aber einen großen Einfluss auf das Auftreten von Darmerkrankungen wie Koliken und Stoffwechselerkrankungen.

Diät	pH Dickdarm	Fettsäure (mmol/l)				Darmflora gesamt (ml x 10–7)
		Essigsäure	Propionsäure	Buttersäure	Milchsäure	
Heu	6,9	43	10	3	1	500
Kraftfutter plus/minus Heu	6,25	54	15	5	21	800
Fasten (›4 Stunden)	7,15	10	1	0,5	0,1	5

Übersicht über die Effekte der Fütterung auf pH-Wert und Darmflora im Dickdarm des Pferdes sieben Stunden nach der Fütterung (aus Frape, 2010).

Es ist essenziell, dass die flüchtigen Fettsäuren schnell absorbiert werden. Sonst kommen die Verdauungsprozesse zum Erliegen und eine Gaskolik kann entstehen. Während die Säuren in den Blutkreislauf gelangen, müssen gleichzeitig große Mengen Wasser und Elektrolyte aus dem Futter aufgenommen werden: Vor allem Natrium, Kalium, Chloride und Phosphate können die Säuren im Blut abpuffern. Die Elektrolyte stammen normalerweise aus den aufgebrochenen Pflanzenzellen.

Für die schnelle Aufnahme der leicht flüchtigen Säuren ist ein neutraler pH-Wert ebenso wichtig wie für ein gutes Arbeiten der Darmflora. Milchsäure, die aus dem Magen kommt, kann im Dünndarm kaum aufgenommen werden. Sie erreicht ebenso wie Milchsäure aus Heulage üblicherweise den Dickdarm, wo sie ebenfalls nur schlecht aufgenommen wird. Allerdings verwenden hier Bakterien die Milchsäure zur Herstellung von Propionsäure. Diese wird im Dickdarm wiederum in Glukose umgewandelt, was zu Zucker im Dickdarm und erheblichen Störungen der Darmflora führt.

Große Kraftfuttermahlzeiten führen bei normalem Trainingspensum darüber hinaus zu hyperglykämischem Verhalten, das sich in Verhaltensauffälligkeiten wie Hyperaktivität, schlechter Körperkoordination oder mangelnder Konzentration äußert. Raufutter wirkt auf diese Pferde ausgleichend. Raufutter stimuliert die Darmperistaltik und beugt damit Koliken vor. Es enthält außerdem viele Kationen, die einer metabolischen Azidose, einer Übersäuerung, vorbeugen, da sie Säuren neutralisieren können. Einige dieser Effekte resultieren direkt aus dem Einfluss des Futters auf die Darmflora.

Zucker im Dickdarm

Füttert man zu viel Zucker und thermisch behandelte Stärke, entsteht über den Umweg der Milchsäure Zucker im Dickdarm. Füttert man schwer verdauliche Stärke, taucht sie ebenfalls als Zucker im Dickdarm auf, weil sie im Dünndarm nicht ausreichend hydrolysiert werden kann. Diese Art der Fütterung stört empfindlich die Darmflora, auch weil die entstehende Milchsäure den pH-Wert im Darm senkt und dadurch die natürliche Darmflora abstirbt. Als Folge wird der Bakterienrasen im Dickdarm verschoben zu Milchsäurebakterien, die Zucker als Nahrungsgrundlage haben und sich in niedrigen pH-Werten wohlfühlen. Diese Bakterien liefern allerdings im Gegensatz zu den Raufaser abbauenden Mikroorganismen weder essenzielle Aminosäuren noch Vitamine B oder K2, noch verdauen sie Zellulose.

Eine Dickdarmflora, die an die Verwertung von Getreide angepasst ist, kann Heufasern schlechter verwerten, im Vergleich zu einer von Pferden, die ausschließlich mit Heu gefüttert werden. Gleiches gilt für ausschließlich heufressende Pferde, wenn plötzlich Getreide zugefüttert wird. Wenn das zu schnell passiert, können Krankheiten wie Kolik, Hufrehe oder angelaufene Beine auftreten. Ein Pferd, das an eine normale Fütterung aus Heu und etwas Getreide angepasst ist, kann bis zu 85 Prozent der Raufasern seiner Fütterung verwerten. Um diesen Wert zu erreichen, muss die Darmflora optimal arbeiten können. Das kann sie aber nur bei ausreichender Heuration und Vermeidung von Heulage und stark zuckerhaltigen Mischfuttern.

Das Wachstum der Darmflora, die Raufaser im Dickdarm fermentiert, hängt auch von der Menge an verfügbarem Stickstoff ab. Dieser wird bereitgestellt durch Proteine aus der Fütterung sowie durch Harnstoff, der bei proteinarmem Futter aus dem Blutkreislauf direkt dem Darmlumen zugesetzt wird. Obwohl die Bakterien im Dickdarm Proteine verdauen, ist die Verdaulichkeit für diese Nährstoffe im Dünndarm etwa 40-mal so hoch. Tod und Auflösung von Bakterien im Dickdarm setzen auch ihre Proteine und Aminosäuren frei, die von anderen Bakterien oder vom Blutkreislauf aufgenommen werden. Untersuchungen haben ergeben, dass bis zu zwölf Prozent der Aminosäuren im Blut von Bakterien stammen. Das gesunde Pferd erhält die meisten essenziellen Aminosäuren über die Darmflora. Lediglich Lysin, Threonin und Methionin müssen ausreichend im Futter vorhanden sein.

Harnstoff ist das Endprodukt des Proteinstoffwechsels beim Pferd und wird letztlich über die Nieren ausgeschieden. Harnstoff fällt vor allem in der Leber beim Abbau der Aminosäuren an. Von dort aus wird er dem Blutkreislauf mitgegeben beziehungsweise in geringem Maß über die Gallenflüssigkeit auch dem

Nahrungsbrei im Darm. Im Dickdarm kann der Harnstoff von einigen Bakterien zu Ammoniak abgebaut werden. Ein Großteil des so produzierten Ammoniaks wird von den Bakterien im Darm wiederum für die Proteinsynthese verwendet. Geringe Anteile diffundieren allerdings durch die Darmwand in das Blutgefäßsystem. Sie müssen dort von der Leber wieder herausgefiltert werden. Denn ein zu hoher Ammoniakgehalt im Blut ist giftig. Daher ist eine gut arbeitende Darmflora bei gleichzeitig dosierter Proteinfütterung wichtig, um den Ammoniak im Darm abzubauen und damit die Leber zu entlasten.

Jede Störung der Darmflora ebenso wie Überfütterung mit Proteinen führt automatisch zu einer Ammoniaküberlastung der Leber und einer Harnstoffüberlastung der Nieren.

Im Dickdarm wird neben der Fermentierung der Raufasern und schlecht verdaulicher Stärke und Protein auch Wasser dem Nahrungsbrei entzogen. Ein großer Teil wird dabei direkt durch die Blinddarmschleimhaut aufgenommen, der zweitgrößte Anteil vom ventralen Colon. Wasser wird außerdem im Enddarm entzogen, wo der Kot auch geformt wird. Der Kot eines gesunden Pferdes enthält nur etwa 58–62 Prozent Wasser. Mit dem Wasser werden auch Mineralien aus dem Futterbrei aufgenommen. Phosphate werden sowohl im Dünn- als auch im Dickdarm aufgenommen. Calcium und Magnesium hingegen werden hauptsächlich im Dünndarm resorbiert. Das ist der Grund, warum Calcium nicht die Phosphatresorption unterdrückt, allerdings kann ein übermäßiger Phosphatanteil die Calciumresorption vermindern. Die Calcium-Phophat-Balance im Pferd wird dadurch aber nicht unbedingt beeinträchtigt. Verschiedene Studien kommen zu dem Schluss, dass im Dickdarm je nach Zusammensetzung der Ration etwa 30 Prozent des Proteins, 15–30 Prozent der Stärke und 75–85 Prozent der Strukturkohlenhydrate fermentiert und absorbiert werden.

Leber (Hepar)

Die Leber und die Bauchspeicheldrüse entwickeln sich aus Anlagen, die aus dem embryonalen Darmepithel aussprossen. Sie werden daher als Anhangsdrüsen des Darms bezeichnet. Durch die Mitwirkung ihrer Sekrete bei der Verdauung stehen sie in enger funktioneller Verbindung mit dem Darm. Die Nieren entwickeln sich aus anderen Anlagen als das Verdauungssystem, spielen aber bei der Ausscheidung von Abfallstoffen eine wichtige Rolle.

Die Leber ist das große chemische Zentrallabor des Körpers. Beim Pferd ist sie als Organ sehr groß, aber im Vergleich zu seiner Körpergröße relativ wenig leistungsstark. Denn bei natürlicher Ernährung muss das Pferd keine größeren Mengen aufgenommener Toxine entsorgen, sondern hauptsächlich mit den Abfällen aus dem eigenen Stoffwechsel umgehen. Bei den heutigen Haltungs- und Fütterungsbedingungen ist die Leber häufig überlastet. Allerdings

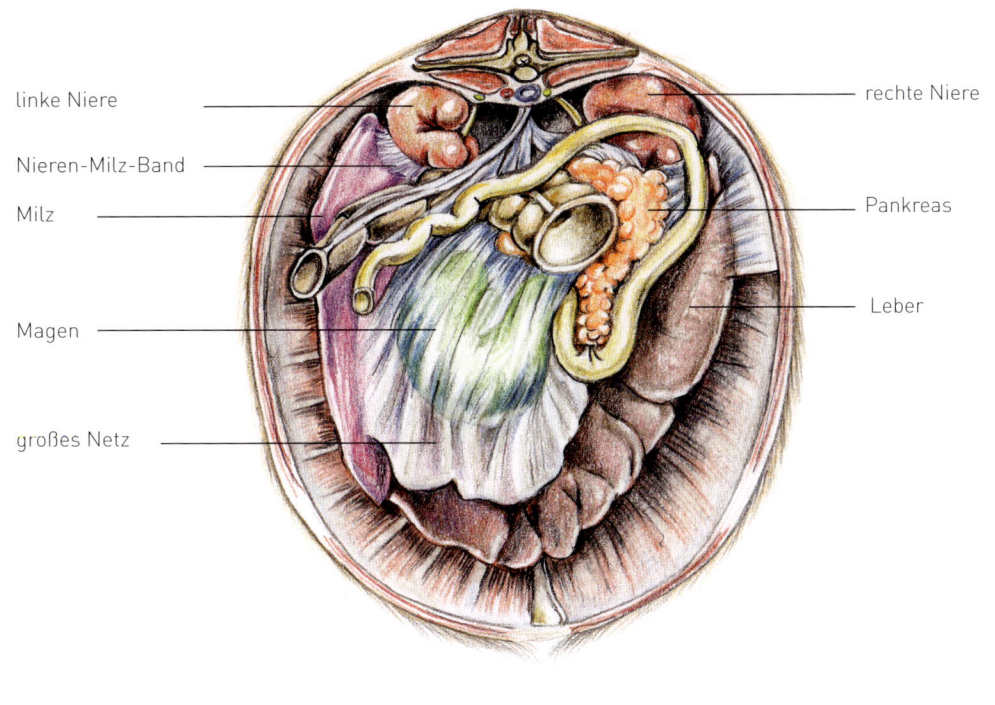

linke Niere

Nieren-Milz-Band

Milz

Magen

großes Netz

rechte Niere

Pankreas

Leber

Die Leber ist das große „Chemielabor" des Körpers. Alle aus dem Verdauungstrakt aufgenommenen Nährstoffe gelangen zuerst in die Leber.

ist die korrekte Diagnostik problematisch, da die Lebermarker im Blutbild oft erst auffällig werden, wenn die Leber zu etwa 60 Prozent nicht mehr ihren Aufgaben nachkommen kann.

Lage und Bau der Leber

Nach außen ist die Leber von der Leberkapsel umgeben und über das Fasziensystem am Bauchfell aufgehängt. Man kann bei der Leber die konvexe Zwerchfellfläche, mit der sie am Zwerchfell eng anliegt, unterscheiden von der konkaven Eingeweidefläche. Dort ist die Leberpforte gelegen, an der die Leberarterie (A. hepatica), die Pfortader (V. portae) und die Nerven eintreten, während die Lymphgefäße und Gallengänge austreten. Das Pferd hat keine Gallenblase, die der Leber anliegt und als Zwischenspeicher für die Gallenflüssigkeit dient,

bis eine große fettige Mahlzeit eingenommen wird. Da das Pferd normalerweise ständig und gleichmäßig relativ fettarmes Futter aufnimmt, muss keine größere Gallenmenge gespeichert werden. Offen im Gewebe beginnende Gallengänge reichen aus. Diese leiten die Gallenflüssigkeit aus der Leber ab und geben sie über den Gallenausführgang ständig dem Nahrungsbrei im Dünndarm mit.

Auf seinem Weg durch die Leberläppchen wird das Blut, das über das Pfortadersystem vom Darmtrakt kommt, in engen Kontakt mit den Leberzellen und den dort liegenden Abwehrzellen gebracht. Letztere wehren fälschlich aus dem Darm aufgenommene Mikroorganismen, Giftstoffe und Fremdproteine ab. Aus diesem Grund belastet eine nicht mehr intakte Darmschranke, wie sie zum Beispiel bei Fehlgärung oder Ansäuerung des Darms vorkommt, als Erstes die Leber.

Aufgaben der Leber

Gallenproduktion und -sekretion

Die Galle ist das Sekret der Leber. Sie wird kontinuierlich gebildet und beim Pferd ständig in den Dünndarm abgegeben. Sie dient zur Ausscheidung von Schlackenstoffen aus der Leber, hat aber auch eine wichtige Aufgabe bei der Verdauung. Die Galle besteht aus Wasser, Schleimstoffen und Salzen sowie den wichtigen Gallensäuren und -farbstoffen.

Die Gallensäuren sind Steroide, die mit Fettsäuren eine Verbindung eingehen, sodass sie wasserlöslich werden. Dadurch wird die Fettverdauung überhaupt erst ermöglicht. Aber auch bei der Verdauung der Proteine und Kohlenhydrate im Dünndarm spielen die Gallensäuren eine wesentliche Rolle. Der größte Teil der Gallensäuren wird im letzten Dünndarmabschnitt, dem Hüftdarm, wieder resorbiert und durch die Pfortader zur Leber zurückgeführt. Dort werden sie wieder zur Galleproduktion verwendet.

Der Gallenfarbstoff Bilirubin entsteht aus dem Abbau des Blutfarbstoffs Hämoglobin. Dabei wird das Eisenatom aus dem Hämoglobinmolekül gelöst und für die Neuproduktion von Hämoglobin in der Leber gespeichert. Das übrig bleibende Bilirubin wird zum Teil dem Blutkreislauf mitgegeben und über die Niere entsorgt, ein anderer Teil über die Galle und den Darm. Das Bilirubin gibt dem Kot unter anderem seine Farbe. Bei Pflanzenfressern wird neben dem gelben Bilirubin zusätzlich Biliverdin aus Hämoglobin gebildet, das grün ist. Daher sind die Galle der Pflanzenfresser und auch der Kot eher grünlich.

Die Gallenflüssigkeit hat bei der Verdauung verschiedene Aufgaben:

- Neutralisierung des Nahrungsbreis: Die Salzsäure aus dem Magen spaltet die Gallensalze und wird dadurch gebunden. Außerdem werden mit der Galle Bikarbonate abgegeben, die als weiterer Puffer wirken und das Milieu im Darm für die Enzyme der Bauchspeicheldrüse neutralisieren.
- Emulgation der Fette: Fette und Öle werden im Dünndarm an die Gallensäuren gebunden und emulgieren dadurch im wässrigen Nahrungsbrei. Erst dann können sie von den Lipasen gespalten und anschließend aufgenommen werden.

- Anregung der Darmperistaltik
- Förderung der Aktivität der Verdauungs-
  enzyme aus dem Pankreas
- Hemmung von Fäulnisbakterien
- Färbung des Darminhalts

**Beteiligung an der Regulation des Kohlenhy-
dratstoffwechsels**

Die Leber hat eine wichtige Aufgabe in der
Regulation des Blutzuckerspiegels. Sie filtert
bei steigendem Blutzuckerspiegel Kohlenhydrate aus dem Blutstrom und wandelt sie in
das Speicherkohlenhydrat Glykogen um. Das
passiert vor allem nach der Futteraufnahme,
insbesondere nach Kraftfuttermahlzeiten.
Sinkt der Blutzuckerspiegel, wandelt die Leber das Glykogen zurück und gibt Zucker in
den Blutstrom ab. Dieser Vorgang wird vor allem durch die Hormone Insulin und Glukagon
der Bauchspeicheldrüse reguliert. Steht kein
Glykogen mehr zur Verfügung, ist die Leber
auch in der Lage, Proteine und Fette in Zucker umzuwandeln. Auch Milchsäure, die in
den Muskeln bei Überlastung entsteht oder
bei Heulagefütterung über den Darm aufgenommen wird, kann von der Leber unter
Verbrauch von Sauerstoff in Glykose umgewandelt werden und steht dann als Energielieferant zur Verfügung.

**Beteiligung an der Regulation des
Fettstoffwechsels**

Im Darm aufgenommene Fettsäuren werden
in der Leber zu tierartspezifischen Fettsäuren
und Fett umgebaut. Diese Fettsäuren stehen
dann über das Blut dem Stoffwechsel der einzelnen Zellen zur Verfügung. Nimmt das Pferd
mehr Kohlenhydrate auf, als es direkt als Energielieferant verwerten kann, werden auch diese Kohlenhydrate von der Leber zu Fett umgebaut und zuerst in der Leber und später
in Fettdepots eingelagert. Werden Fette vom
Pferd unverdaut aufgenommen, verändert sich
die Zusammensetzung des Körperfetts hin zu
Fremdfetten. Dies ist eine Besonderheit beim
Pferd, da der Stoffwechsel nicht auf die Verdauung und Verwertung großer Fettmengen ausgelegt ist. Pferde lagern Fett im Gegensatz zu
anderen Tierarten nicht als Fettpölsterchen an
Bauch und Hüfte ein, sondern als Fettsträhnen
in der Muskulatur.

wichtig

*Fette Pferde erkennt man an übermäßig aus-
geprägter Muskulatur trotz nur mäßigem
Training.*

Beteiligung am Proteinstoffwechsel

Aufgenommene Aminosäuren werden in der
Leber zu verschiedenen Proteinen synthetisiert. Allen voran werden Speicherproteine,
die sogenannten Albumine, gebildet, die über
den Blutstrom in den Stoffwechsel des Pferdes gelangen und den Zellen für ihre Proteinsynthese zur Verfügung stehen. Die Leber bildet die Gerinnungsproteine Fibrinogen
und Prothrombin und auch einen Teil der Glo-
buline, die bei der Immunabwehr eine große
Rolle spielen. Die Leber des Pferdes ist außerdem in der Lage, nicht essenzielle Aminosäuren aus den aufgenommenen Aminosäuren herzustellen.

49

Speicherung von Vitaminen und Spurenelementen

Die Leber des Pferdes kann verschiedene Vitamine speichern, zum Beispiel Vitamin A beziehungsweise ß-Carotin. Auf diese Weise können vitaminarme Phasen, wie sie im Winter auftreten, überbrückt werden, ohne dass es zu Mangelerscheinungen kommt. Daneben speichert die Leber viele Spurenelemente wie Eisen, Kupfer, Mangan und Zink. Das Eisen stammt zu 95 Prozent aus abgestorbenen roten Blutkörperchen. Das übrige Eisen, das der Körper benötigt, wird über das Futter, vor allem Heu und Weidegras, aufgenommen.

Entgiftung

Die Leber ist nicht nur ein wichtiges Syntheseorgan, sondern nimmt auch bei der Entgiftung vieler Zwischen- und Abbauprodukte des Stoffwechsels und körperfremder Stoffe eine zentrale Stellung ein. Die Entgiftungsfunktion der Leber wird auch als Biotransformation bezeichnet. Sie läuft in zwei Phasen ab: In der ersten Phase werden die Stoffe umgebaut. Dabei entstehen zum Teil noch giftigere Zwischenprodukte. Dieser Umbau ist aber wichtig, damit die Zwischenprodukte in der zweiten Phase an wasserlösliche Moleküle gebunden werden und in dieser Form ausgeschieden werden können. Damit die zweite Phase der Entgiftung starten kann, benötigt die Leber aktiviertes Vitamin B_6, das sogenannte Pyridoxal-5-Phosphat (P_5P), als Katalysator. Es wird normalerweise in ausreichender Menge von der Darmflora zur Verfügung gestellt. Die Leber des Pferdes ist im Gegensatz zu der anderer Säugetiere kaum in der Lage, Vitamin B_6 selbst zu aktivieren. Ist die Darmflora gestört, fehlt P_5P in der Leber und die Biotransformation bricht ab, selbst wenn Vitamin B_6 über die Fütterung zugeführt wird. Die Leber versucht in diesem Fall, die aus der ersten Phase kommenden Zwischenprodukte an Ionen zu koppeln, vor allem an Zink, aber auch an Selen oder Mangan. Hier sieht man dann häufig den Mangel im Blutbild.

Die in der Leber über die Biotransformation hergestellten ungiftigen Endprodukte werden größtenteils über die Nieren ausgeschieden, aber auch über den Schweiß und die Atmung. Ein kleiner Teil davon kann über die Galle und den Darm entsorgt werden. Als Abbauprodukte aus dem Protein- und DNA-Stoffwechsel werden in der Leber Harnsäure und Harnstoff gebildet. Auch das beim Proteinabbau anfallende Ammoniak wird zu Harnstoff verarbeitet. Wenn die Niere dann nicht in ausreichender Menge Harnstoff ausscheiden kann, wird die Abgabe über den Schweiß verstärkt, was zu Hautreizungen und in Folge zu allergischen Reaktionen führen kann.

Regulierung des Wasserhaushalts

Der Wasserhaushalt wird von der Leber vor allem über die Synthese der Bluteiweiße, der Albumine, reguliert. Bei Leberschäden, bei denen die Bildung dieser Albumine gestört ist, kann man vermehrte Wasseraufnahme und oft auch die Abgabe großer Urinmengen beobachten. Gleichzeitig wird auch mehr Wasser im Gewebe zurückgehalten. Als Folge sehen die Pferde rund und aufgeschwemmt aus, was oft mit Verfettung verwechselt wird, aber eigentlich ein Hinweis auf einen Leberschaden ist.

Bauchspeicheldrüse (Pankreas)

Die Bauchspeicheldrüse ist wie die Leber eine Drüse, die aus zwei Anteilen besteht. Sie produziert einerseits den Pankreassaft als wichtigstes Verdauungssekret und andererseits die Hormone Insulin und Glukagon, die eine zentrale Rolle bei der Regulierung des Blutzuckerspiegels spielen.

Lage und Bau der Bauchspeicheldrüse

Die Bauchspeicheldrüse liegt dem Zwölffingerdarm eng an und spielt eine wesentliche Rolle bei der Verdauung der Nährstoffe. Es ist eine Drüse mit exokrinem und endokrinem Anteil. Der exokrine Teil produziert die Substanzen, die in den Darm abgegeben werden, also „nach außen", der endokrine Teil hingegen die Substanzen, die in den Blutstrom gegeben werden, also „nach innen". Der exokrine Teil ist eine aus verschiedenen Zelltypen zusammengesetzte Drüse mit einem komplexen Gangsystem. Diese Gänge vereinigen sich in zwei Ausführgängen, die etwa 15 Zentimeter hinter dem Magenausgang in den Dünndarm münden. In den verschiedenen Zelltypen des exokrinen Teils werden die Bikarbonate sowie die Verdauungsenzyme gebildet.

Im Drüsengewebe des endokrinen Teils sind besondere Zellen in kleinen Gruppen inselförmig verteilt, den sogenannten Langerhans-Inseln. Diese Inseln bestehen aus zwei Zelltypen, den Glukagon produzierenden A-Zellen und den Insulin produzierenden B-Zellen. Der Aufbau der Inseln und der Bauchspeicheldrüse hängt eng mit ihrer Funktion in der Blutzuckerregulation zusammen.

Aufgaben der Bauchspeicheldrüse

Die Bauchspeicheldrüse ist notwendig bei der Verdauung aller leicht verfügbaren Nährstoffe, also der Proteine, der Fette und der Zucker- und Stärkemoleküle. Strukturkohlenhydrate können nicht von den Verdauungsenzymen der Bauchspeicheldrüse aufgeschlossen werden. Daneben spielt die Bauchspeicheldrüse zusammen mit der Leber eine wesentliche Rolle bei der Regulation des Blutzuckerspiegels.

Exokriner Anteil – Verdauungsenzyme und Bikarbonate

Das Sekret der Bauchspeicheldrüse, auch Pankreassekret genannt, enthält neben Bikarbonaten, die im Darm als Puffer gegen die Magensäure wirken, auch verschiedene Enzyme, die Proteine, Fette und Stärkemoleküle spalten. Die genaue Zusammensetzung des Pankreassekrets hängt vom angebotenen Futter ab. Füttert man sehr proteinreiche Nahrung, steigt der Anteil der Proteasen im Pankreassekret mit der Zeit an. Diese Umstellung benötigt einige Tage, daher sollten Futterumstellungen immer über einen Zeitraum von mindestens zwei Wochen durchgeführt werden. Andernfalls können die angebotenen Nährstoffe nicht effektiv verdaut werden.

Die Protein spaltenden Enzyme werden alle erst im Dünndarm aktiviert. Durch diesen Mechanismus wird vermieden, dass die Bauch-

speicheldrüse sich selbst verdaut. Diese Enzyme setzen den im Magen durch das Pepsin begonnenen Proteinabbau fort. Denn Pepsin wird inaktiviert, sobald der Nahrungsbrei einen neutralen pH-Wert annimmt. Die Fettspaltung erfolgt im Darm im Wesentlichen durch Lipasen, die von der Bauchspeicheldrüse produziert und durch die Gallensäuren im Dünndarm aktiviert werden. Ihr Wirkungsoptimum liegt bei etwa pH 8 und sie spalten die Fette größtenteils in Monoglyzeride und Fettsäuren. Das Pferd erreicht jedoch in der Regel nur einen pH von maximal 7,5 im Dünndarm, sodass die Lipasen nie ihre volle Wirkung entfalten können. Dazu kommt die beim Pferd nur gering ausgeprägte Emulgierung der Fette durch die Gallensäuren. Dieses zusammen mit der geringen Menge an gebildeten Lipasen sorgt dafür, dass Pferde ausgesprochen schlechte Fettverwerter sind.

Die Pankreasamylase spaltet die Kohlenhydrate, indem sie Stärke und Glykogen zu Einfach- und Zweifachzuckern abbaut. Das Pferd produziert von Natur aus relativ wenig Pankreasamylase, da es evolutionsbiologisch nicht auf die Verwertung großer, stärkereicher Mahlzeiten optimiert ist. Gras und Kräuter enthalten nur wenig Stärke. Aus diesem Grund ist eine kraftfutterbetonte Fütterung für das Pferd insgesamt nur schlecht verdaulich. In dem Fall mag rechnerisch anhand von Futterwerttabellen zwar die Nährstoffversorgung gegeben sein, praktisch ist sie für das Pferd aber nicht verfügbar. Die daraus resultierende Tendenz, Getreide in Mischfuttern über hydrothermischen Aufschluss „leichter verdaulich" zu machen, ist dabei kontraproduktiv, da diese als Zucker sehr schnell ins Blut gehen und dort den Blutzuckerspiegel nach oben treiben.

wichtig

Die Bauchspeicheldrüse des Pferdes ist nicht an starke Schwankungen im Blutzuckerspiegel angepasst. Deshalb können Pferde nach einigen Jahren kraftfutterbetonter Fütterung Stoffwechselkrankheiten wie Insulinresistenz entwickeln.

Da die Enzyme im Zwölffingerdarm nur im neutralen bis alkalischen Milieu wirken, der Mageninhalt aber mit sehr saurem pH-Wert in den Dünndarm übertritt, sind die Puffersubstanzen sehr wichtig. Sie werden hauptsächlich als Bikarbonate von der Bauchspeicheldrüse geliefert, stammen aber zum Teil auch aus der Gallenflüssigkeit – als Bikarbonate und Gallensalze.

Die Menge und die Zusammensetzung des Pankreassafts ist abhängig von der Aufnahme und Art des Futters. Das Pferd produziert pro Tag etwa 30–35 Liter Pankreassekret. Der Körper schüttet das Pankreassekret aus, wenn nach der Nahrungsaufnahme der Vagusnerv gereizt wird. Tritt der Nahrungsbrei in den Dünndarm ein, wird die Ausschüttung hormonell angeregt: Indem Salzsäure aus dem Magen in den Zwölffingerdarm übertritt, wird die Darmwand zur Produktion des Hormons Sekretin veranlasst, das wiederum die Ausschüttung des Pankreassekrets auslöst. Es ist mitverantwortlich für die Menge des Pankreassekrets und seinen Bikarbonatgehalt. Die Ausschüttung der Verdauungsenzyme wird auch durch ein weiteres Hormon, das Pankreozymin, reguliert, das gleichzeitig die Salzsäureproduktion im Magen dämmt und ein Sättigungsgefühl im Gehirn auslöst. Beim Pferd, dessen Magen praktisch nie leer wird, tritt der Nahrungsbrei ständig über und hält damit quasi eine Dauersekretion des Pankreassafts aufrecht. Fütterung von Raufutter mindestens 30 Minuten vor Kraftfutter stimuliert die Produktion von Pankreassekret und verstärkt damit die Nährstoffausbeute.

Endokriner Anteil – Blutzuckerregulation

Das Peptidhormon Insulin, das von den B-Zellen der Langerhans-Inseln in der Bauchspeicheldrüse produziert wird, senkt den Blutzuckerspiegel so:

- Die Zellwände werden durchlässiger für Glukose. Dadurch wird mehr Zucker aus dem Blut aufgenommen, vor allem von Leber- und Skelettmuskelzellen.
- Die Bildung und Speicherung von Glykogen aus Glukose in der Leber und in der Skelettmuskulatur wird angeregt.
- Die Leber wird angeregt, vermehrt Speicherfette aus Glukose zu bilden. Gleichzeitig wird die Spaltung von Proteinen und Fetten zur Energiegewinnung in der Leber gehemmt.

Das Peptidhormon Glukagon wird von den A-Zellen der Langerhans-Inseln gebildet und ist der Gegenspieler vom Insulin. Das heißt, es fördert die Spaltung von Glykogen in der Leber und die Freisetzung von Glukose in den Blutstrom und erhöht damit den Blutzuckerspiegel. Bei hohem Glukagon und niedrigem Insulinspiegel kommt es außerdem zur Spaltung von Speicherfetten in Glycerin, das von der Leber in Glukose umgebaut werden kann. Damit das Pferd Fett überhaupt als Energieliefe-

Insulin und Blutzuckerspiegel

Die Insulinausschüttung ist abhängig von der Höhe des Blutzuckerspiegels. Dieser beträgt beim Pferd 55–90 mg/dl. Ponys und Pferde, die nicht regelmäßig gearbeitet werden, haben dabei grundsätzlich niedrigere Werte als Warmblüter oder Vollblüter und Pferde im Training. Die Insulinausschüttung ist besonders hoch nach Kraftfuttermahlzeiten, besonders wenn diese stark mit Zucker versetzt sind.

rant verwendet, muss der Blutzuckerspiegel anhaltend zu niedrig und die Glykogenvorräte müssen erschöpft sein, was unter normalen Fütterungsbedingungen nicht vorkommt. Sind aber die Glykogenvorräte erschöpft, schüttet zusätzlich die Nebenniere Glucocorticoide aus, die die Bildung von Glukose aus Aminosäuren anregen.

wichtig

Die Speicherfähigkeit für Fette ist bei Pferden nur gering ausgeprägt. Daher bauen Pferde, wenn sie zu wenig gefüttert werden, sehr schnell Muskulatur ab.

Regulation von Stoffwechsel-belastungen

Jedes Pferd, ob jung oder alt, ob hochblütig oder robust, muss sich täglich mit einer Vielzahl von schädlichen Mikroorganismen und Giftstoffen auseinandersetzen, die über die Atemluft, über den Magen-Darm-Kanal und die Haut aufgenommen werden. Das bedeutet für den Organismus eine erhebliche Belastung. Denn alle Fremdstoffe – egal ob chemischer Natur oder Mikroorganismen wie Bakterien, Pilze oder Viren – müssen durch das Immunsystem erkannt und unschädlich gemacht werden. Dafür hat das Immunsystem mehrere Phasen der Abwehr entwickelt, sowohl chemisch als auch über sogenannte Fresszellen, die in der Lage sind, fremde Zellen aufzufressen und zu verdauen. So führen nicht nur In-

fekte zu Belastungen des Immunsystems, sondern auch die alltäglichen Belastungen wie Schimmelpilze aus Heu oder Einstreu, Bakterien und Pilze aus Heulage, Milben aus verdorbenem Kraftfutter, unverträgliche chemische Substanzen, die aus Futtermitteln, giftigen Weidepflanzen, imprägniertem Holz, aus Winterdeckenbeschichtungen und so weiter aufgenommen werden.

Das Bindegewebe hat in der Abwehr dieser Fremdstoffe eine wichtige Aufgabe. Untersuchungen zeigen, dass das Bindegewebe, das sich überall im Körper befindet, nicht nur die Füllsubstanz zwischen funktionellen Geweben darstellt. Mittels der Lymphflüssigkeit transportiert es zum einen die Nährstoffe aus dem

Das Pferd ist – ebenso wie der Mensch – täglich einer Vielzahl von chemischen Belastungen ausgesetzt.

Blut zu den Zellen und zum anderen die Abfall-stoffe aus den Zellen. Gleichzeitig dient es als Zwischenspeicher für Stoffe, damit der Körper sowohl innerhalb der funktionalen Zellen als auch im Blut ein konstantes Milieu halten kann. So sorgt das Bindegewebe über Zwischenspei-cherung von Salzen oder Säuren dafür, dass der pH-Wert und der osmotische Druck in den Zel-len und im Blut konstant bleiben. Bevor sich die Blutwerte sichtbar ändern, findet die Verschie-bung zunächst im Bindegewebe statt, das als Puffer und als Abfallzwischenlager für den Kör-per dient. Dort lagern sie, bis der Körper Kapazi-täten hat, diese Stoffe wieder zu mobilisieren und über Leber und Niere zu entsorgen. Das ist ein sinnvolles System, da auch Pferde in freier Wild-bahn immer wieder Zeiten überbrücken müssen, in denen die Nährstoffversorgung nicht optimal ist und viele Abfallprodukte anfallen, zum Bei-spiel im Winter. Über den Sommer mit reichhal-tigem Nährstoffangebot und gesunder Ernährung können diese Abfallstoffe aus dem Bindegewebe zur Leber transportiert und dort für die Ausschei-dung biotransformiert werden. Problematisch wird dieses System, wenn das Pferd anhaltend überlastet wird. Dann fehlen die Erholungszeiten für den Stoffwechsel. Das kann man zum Beispiel beobachten, wenn die Pferde über den Winter mit

Heulage gefüttert werden. Spätestens zum Ende des Winters entstehen dann häufig Probleme wie Müdigkeit, Kotwasser, stumpfes Fell, angelaufene Beine, Fesselgelenksgallen und andere Auffälligkeiten, die im Lauf der Weidesaison wieder verschwinden. Bekommt das Pferd aber im Sommer keinen Weidezugang, sondern wird das ganze Jahr mit Heulage gefüttert, verstärken sich diese Auffälligkeiten von Jahr zu Jahr, bis das Pferd krank wird.

Kann der Körper sich von solchen Stoffwechselbelastungen nicht erholen, wird jede Zelle des Körpers in Mitleidenschaft gezogen – entweder durch Mangelzustände oder durch Giftstoffe. Das Immunsystem ist überlastet durch das Übermaß an Giftstoffen, die markiert werden müssen, und durch die absterbenden Zellen, die entsorgt werden müssen. Damit können Krankheitserreger leichter eindringen und belasten zusätzlich das Immunsystem. Die Pferde werden anfällig für Infekte und allergische Reaktionen, häufig zeigen sie in Allergietests multiple Allergien auf Pollen, Futtermittel, Insektengifte und so weiter.

Wenn die Einlagerung von Abfallstoffen auf Dauer größer ist als das Entgiftungsvermögen, so wird sich die Speicherungskapazität schließlich erschöpfen, und die Gifte können in Blut und Gewebe übertreten. Der Körper versucht dann oft, durch Einlagerung von Wasser beziehungsweise Lymphe im Bindegewebe, die Konzentration an giftigen Stoffen zu verdünnen und so einer Schädigung der Zellen vorzubeugen. Sehr viele optisch „fette" Pferde haben lediglich große Mengen Wasser in das Bindegewebe eingelagert. Hier hilft keine Reduktionsdiät, sie führt im Gegenteil zu

Stoffwechselentgleisung und ihre Folgen

Ob diese Stoffwechselerkrankung als Hufrehe, Sommerekzem, Equines Metabolisches Syndrom oder Atemwegserkrankung auftritt, hängt davon ab, welches Organ bei diesem Pferd die Schwachstelle ist. Ähnlich wie bei Menschen, von denen bei Stress einer mit Hautirritationen, der Nächste mit Magengeschwüren und der Dritte mit Infektionen reagiert, sieht man auch bei verschiedenen Pferden unterschiedliche Auswirkungen der Stoffwechselentgleisung. Auch Sehnen und Bänder gehören zum Bindegewebe und werden bei Einlagerung von Abfallstoffen in Mitleidenschaft gezogen. Das Ergebnis sind häufig Sehnen- oder Fesselträgerschäden, die bei Belastungen entstehen, die den Sehnen- und Bandapparaten eigentlich nichts ausmachen sollten.

einer weiteren Belastung des Organismus, da das Verdauungssystem von Pferden nicht auf Hungerphasen ausgelegt ist. Vielmehr muss dafür Sorge getragen werden, dass die Pferde eine ausreichende Menge an hochwertigen Nährstoffen und viel Raufaser zur Verfügung haben, damit der Darm wieder eine normale Tätigkeit aufnehmen kann.

Therapie von Stoffwechselerkrankungen

Die Optimierung der Fütterung ist zentral in der Therapie von stoffwechsel-kranken Pferden. Stimmt die Fütterung nicht, ist auch die Stoffwechselregulation nicht mehr gegeben. Außerdem müssen die Darmschleimhaut und die Darmflora in der Regeneration unterstützt und Leber und Niere in ihrer Funktion geför-dert werden. Erst dann kann durch manuelle Techniken auch der Abfluss der Lymphe gefördert werden und das Pferd findet zu seiner eigentlichen Leistungs-fähigkeit zurück.

Die Giftstoffe, von denen hier die Rede ist, sind vielfältig. Laut dem Bundesumweltamt Berlin gibt es weltweit etwa acht Millionen registrierte chemische Substanzen. Auch der Pferdeorganismus kommt ständig mit einer Reihe dieser chemischen Substanzen in Berührung: Waschlotion, Fliegenspray, Mähnen-spray, Wurmkuren, Impfungen und andere notwendige Medikamente, Gerb- und Färbemittel aus Lederwaren, Färbe- und Waschmittel aus Decken, Holzschutzmittel, Farben, Lacke, Reinigungs- und Desinfektionsmittel, Schwermetalle aus Impfungen, Düngemitteln und noch

vieles mehr. Viele der chemischen Stoffe sind noch nicht hinreichend untersucht im Hinblick auf ihre Schädlichkeit für das Pferd. Immer wieder tauchen in der Presse Skandale mit giftigen Stoffen auf, die bis dahin ganz legal eingesetzt wurden, sei es in Lebensmitteln, Spielzeug, Kleidung oder anderen Dingen, mit denen man täglich in Berührung kommt. Häufig erweist sich die Schädlichkeit dieser Substanzen erst nach jahrelangem Kontakt. Und auch wenn die Schädlichkeit nachgewiesen ist, dürfen viele Substanzen weiterhin eingesetzt werden, solange der Mensch nicht direkt oder indirekt damit in Kontakt kommt. So gehören zum „dreckigen Dutzend", also den zwölf registrierten giftigsten Substanzen, acht Insektenschutzmittel und ein Pilzschutzmittel, das in Getreide eingesetzt wird, um es haltbar zu machen. Gerade mit solchen Mitteln kommen Pferde leicht in Berührung.

Auch die Schwermetallbelastung wird häufig unterschätzt. So sind Pferde nicht nur durch Quecksilber belastet, das sich in Impfungen und in vielen landwirtschaftlichen Pilzgiften findet, sondern auch durch Blei, das aus früherem bleihaltigem Benzin immer noch in den Böden und entlang von Autobahnen und Schnellstraßen nachweisbar ist. Es kann über die Pflanzen in den Organismus gelangen. Bei Pferden findet man jedoch auch Belastungen mit Cadmium. Es gehört zu den gefährlichsten Umweltgiften, da es sich extrem langsam abbaut. Es ist jedoch in zahlreichen chemischen Düngemitteln enthalten und gelangt auf diese Weise in die Nahrungskette der Pferde.

Vergleichsweise harmlos scheinen dagegen die Belastungen des Pferdes durch die Aufnahme von Futterstoffen zu sein. Dazu gehören Nitrate aus Karotten ebenso wie Blausäure aus grünen Karottenenden und aus Leinsamen, Giftpflanzen im Heu wie das sich immer mehr verbreitende Jakobskreuzkraut oder auch Herbstzeitlose. Auch die Zusatzstoffe in Mischfuttern können den Stoffwechsel belasten. Viele der Stoffe, die Mischfuttern wie Müslis oder Pellets zugesetzt werden, müssen nicht deklariert werden, insbesondere wenn sie in Vormischungen enthalten sind oder nur dem Produktionsprozess dienen. So ist es für den Halter schwierig herauszufinden, ob sein Pferd auf einen Zusatzstoff unverträglich reagiert. Da der Stoffwechsel des Pferdes eine hohe Kompensationsfähigkeit hat und sichtbare Symptome oft erst nach Jahren der Fütterung auftreten, ist die Suche nach der Ursache oft schwierig. Häufig handelt es sich um die Kombination verschiedener Belastungen – Holzschutzmittel, die vom Anbindebalken stammen, Karottenfütterung in großen Mengen, Mykotoxine aus schimmeliger Einstreu, Belastung durch die Aufnahme giftiger oder gespritzter Pflanzen, Gabe von notwendigen Medikamenten, Fütterung von Heulage, die Verwendung von Fellglanz- und Fliegenspray und vieles mehr – die sich im Körper schlussendlich zur Stoffwechselbelastung summieren.

Vor allem die empfindliche Darmflora des Pferdes ist auf Dauer dieser ständigen Konfrontation durch Schadstoffe, die über den Magen-Darm-Trakt in den Körper gelangen, nicht gewachsen. Es kommt zu Verschiebungen der Darmflora und auch zur Entartung, das heißt, es bilden sich sogenannte Paracoli, deren Toxine über die Darmschleimhaut aufgenom-

men und in der Leber gefiltert werden müssen. Das Immunsystem in der Darmwand vollbringt Höchstleistungen, diese Paracoli in Schach zu halten, und die Leber muss deutlich stärker als Entgiftungsorgan arbeiten, als wenn das Pferd möglichst naturnah gefüttert wird. Im Darm können durch die geschädigte Darmflora Entzündungen der Darmschleimhaut und manchmal sogar Darmgeschwüre entstehen, die im Spätstadium häufig für Koliken sorgen.

wichtig

Diesen Stoffwechselbelastungen gemeinsam ist, dass sie in der Regel nicht sofort zu sichtbaren Symptomen führen, sondern nur schleichend über Monate oder Jahre.

Auch werden die Symptome häufig nicht mit dem Stoffwechsel oder der Fütterung in Zusammenhang gebracht, da ein Sommerekzem ja offensichtlich ein Hautproblem ist. Dass die Haut als Hilfsniere des Körpers bei der Ausscheidung von erhöhten Mengen von Abfallstoffen dient und eine ständige Reizung durch Stoffwechselabfälle im Schweiß auch irgendwann zu Irritationen, Juckreiz und einer erhöhten Empfindlichkeit gegenüber Insektengiften führt, ist nicht auf den ersten Blick ersichtlich. Daher muss man in der Anamnese oft einige Jahre zurückgehen, um auf die auslösende Ursache zu kommen. Außerdem dauert die Regeneration des Stoffwechsels auch entsprechend lange, bis die Organe wieder im Gleichgewicht und die Altlasten entsorgt sind.

Regulation des Energiehaushaltes

Der Körper verbraucht ständig Energie, um alle seine Lebensfunktionen aufrechtzuerhalten. Körperliche Arbeit führt zum zusätzlichen Verbrauch von Energie in den Muskeln. Der Verbrauch liegt dann bis zu vierzigmal höher als im Ruhezustand. Durch Abwechslung von körperlicher Anstrengung und Ruhe könnten große Schwankungen im Blutzuckerspiegel entstehen, wenn das Pferd nicht in der Lage wäre, sich den veränderten Anforderungen schnell anzupassen. Arbeitet der Muskel, entzieht er dem Blut vermehrt Blutzucker für die Energiegewinnung. Das Absinken des Blutzuckerspiegels bei körperlicher Arbeit führt sofort zur Freisetzung von Glukokortikoiden und Glukagon, die den Glykogenabbau in der Leber beschleunigen und damit den Blutzuckerspiegel wieder ansteigen lassen. In der Ruhephase steigt der Blutzuckerspiegel noch einen Moment lang an, bis er

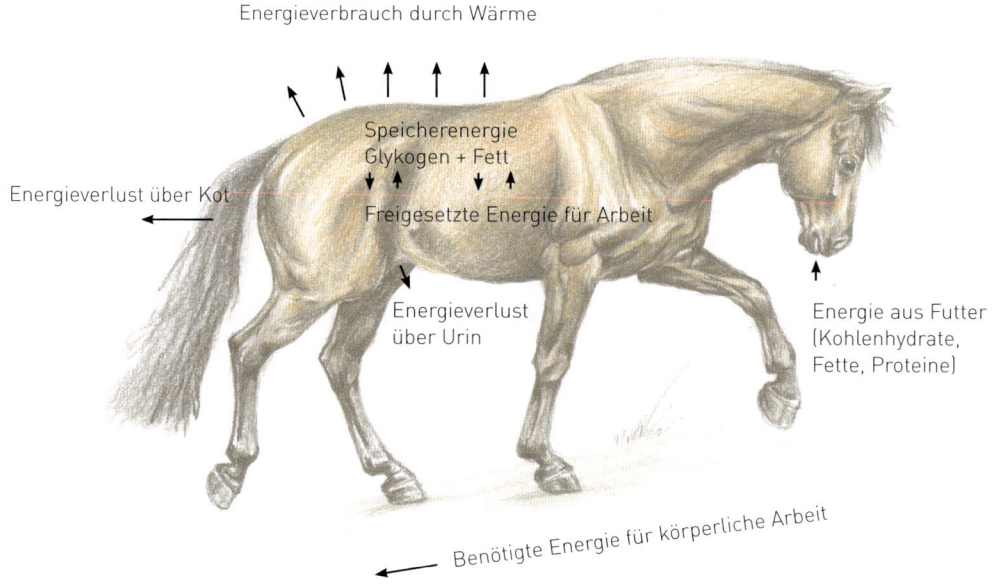

Energieverbrauch durch Wärme

Speicherenergie
Glykogen + Fett

Energieverlust über Kot

Freigesetzte Energie für Arbeit

Energieverlust
über Urin

Energie aus Futter
(Kohlenhydrate,
Fette, Proteine)

Benötigte Energie für körperliche Arbeit

Die aufgenommene Energie muss immer dem Energieverbrauch plus dem natürlichen Energieverlust entsprechen. Der Energieverbrauch durch normales Training ist geringer, als viele Reiter denken.

einen Schwellenwert erreicht. Dann werden Glukokortikoide und Glukagon in der Leber abgebaut und damit die Glukoneogenese gestoppt. Außerdem ändert sich die Blutvertei-lung im Körper während der körperlichen Arbeit und der Ruhephasen. In Ruhe wird ein großer Teil des Blutes dem Verdauungssystem zugeführt, da das Pferd als Dauerfresser ständig Nährstoffe über den Darm aufnimmt. Dies führt zu einem Anstieg des Blutzuckerspiegels, der über Insulin wieder nach unten reguliert wird.

Während das Pferd trabt oder galoppiert, wird die Blutversorgung der Eingeweide reduziert und dieses Blut der Skelettmuskulatur zur Verfügung gestellt. Gleichzeitig wird die Durchblutung der Lungen sehr stark erhöht, um mehr Sauerstoff für den Transport zu den Skelettmuskeln und dem Herzmuskel bereitzustellen. Auf diese Weise stellt der Körper sicher, dass die Muskeln ausreichend mit Sauerstoff versorgt werden, um eine saubere Energiegewinnung aus Glukose zu erreichen. Dabei wird Glukose zerlegt zu CO_2 und Wasser. Das CO_2 wird abgeatmet und das Wasser wird unter anderem für die Bildung von Schweiß verwendet, um den Körper zu kühlen. Steht zu wenig Sauerstoff in den Muskeln bereit, fällt der Muskel in die sogenannte anaerobe Atmung, das heißt, Zucker wird ohne Zufuhr von Sauerstoff abgebaut. Dabei entsteht Milchsäure und der sogenannte Muskelkater. Damit wird zwar im Muskel immer noch Energie bereitgestellt, allerdings keine „saubere" Energie, wie bei aerober Muskelatmung. Die Milchsäure muss vom Muskel zur Leber transportiert werden, um dort unter Sauerstoffverbrauch wieder umgewandelt zu werden.

wichtig

Viele Pferde wirken bei Fütterung mit Heulage müde und werden leistungsschwächer. Denn der Körper muss sehr viel Energie zum Umbau der aus dem Darm aufgenommenen Milchsäure aufwenden, die im Muskel zur aeroben Energiegewinnung fehlt.

Man muss also bei der Fütterung nicht nur darauf achten, dass rechnerisch genug Energie zur Verfügung steht, sondern auch darauf, in welcher Form die Energie geliefert wird. So hat Fett theoretisch einen hervorragenden Energiewert. Dieser kann jedoch vom Pferd nicht ausgenutzt werden. Deshalb spielen Fette in der Energiebilanz keine große Rolle. Werden Fette zur Energiegewinnung abgebaut, sammelt sich das dabei freigesetzte Glycerol während der körperlichen Arbeit zunächst an und wird erst in der Ruhephase zur Bildung von Glukose und damit zum Auffüllen der Glukosespeicher verwendet. Fett kann also während der Arbeit nicht direkt in Energie umgesetzt werden, sondern nur über den Umweg der Glukose. Deshalb ist Intervalltraining sinnvoller als Dauertraining.

Vorteile von Intervalltraining

Intervalltraining bringt Vorteile für die physiologische Anpassung des Körpers an die Anforderungen im Vergleich zu Ausdauertraining, weil der Körper die Ruhephasen braucht, um seine Energiespeicher wieder aufzufüllen und seinen Muskelstoffwechsel auszugleichen. Das sollte man auch bei der Dressur- oder Springarbeit beachten. Denn kein Pferd hat genug Energiereserven, um 45 Minuten lang Höchstleistungen zu vollbringen. Die Evolution hat den Stoffwechsel des Pferdes darauf optimiert, einige Minuten lang Höchstleistungen während der Flucht vor dem Fressfeind zu vollbringen, gefolgt von Phasen ruhiger Bewegung und Futteraufnahme. Dazu kommt, dass die meisten Reiter den Energieverbrauch ihres Pferdes als viel zu hoch einschätzen. Die Tabelle gibt einen Überblick über den Energiebedarf. Dabei sollte man beachten, dass bereits zehn Kilogramm durchschnittlich gutes Heu einen verdaulichen Energiewert von 80 Megajoule (MJ) liefern!

Körpergewicht	200 kg	400 kg	600 kg
Grundbedarf pro Tag (MJ verdauliche Energie)	35	58	79
Zusätzlicher Energiebedarf (MJ verdauliche Energie) bei:			
1 Stunde Schritt	0,4	0,8	1,3
1 Stunde Trab, etwas Galopp	4,2	8,4	12,5
1 Stunde schneller Trab, Galopp, einige Trainingssprünge	10,5	20,9	31
Galopp, schneller Galopp, Springen	25	50	75
Schwere Anstrengung wie Polo, Galopprennen, Jagden	42	85	127
Distanzreiten (100 km in 10,5 Stunden)	43,5	87	130,5

(aus Pilliner, 1999)

Ein normal arbeitendes Pferd kann seinen Energiebedarf aus Raufutter und einer kleinen Menge Kraftfutter decken. Erst extreme sportliche Anforderungen wie der Distanzsport benötigen eine deutlich energiehaltigere Fütterung des Pferdes. Ein Trainingsbuch gibt Aufschluss über die tatsächliche Leistung und den Energiebedarf des Pferdes.

Futterbestandteile und ihre physiologische Bedeutung

Die physiologische Bedeutung der Futtermittel spielt eine große Rolle – nicht nur im Hinblick auf das, was das Pferd gern frisst, sondern auch auf Nährstoffe und deren Verwertungsmöglichkeit. Auch wenn Futtermittel in der Theorie oft hervorragende Werte bezüglich ihres Energiegehalts haben, heißt das nicht, dass diese tatsächlich vom Pferd verwertet werden können. Als Steppentier ist sein Verdauungstrakt darauf eingestellt, eine große Menge an Steppengras zu verwerten, das reich an Strukturkohlenhydraten ist.

Weideland ist das einzige Futter für das Pferd, das keiner Veränderung durch den Menschen unterliegt und vom Pferd direkt und in natürlicher Form aufgenommen wird. Kraftfutter, Heu, Heulage und alle Zusatzfutter sind Futterzubereitungen, die mehr oder weniger verändert wurden. Aber selbst das heutige Weidegras unterscheidet sich je nach Region deutlich von der ursprünglichen Nahrung, was die Zusammensetzung und die enthaltenen Nährstoffe anbelangt. Wildpferde fressen je nach Jahreszeit verschiedene Kräuter, die durch ihre Wirkstoffe auch regulierend auf den Stoffwechsel wirken. Außerdem bereichern sie ihre Ernährung durch Zweige, Wurzeln, Laub, Beeren und Samen, aus denen sie wichtige Mineralien, Vitamine und Fettsäuren beziehen können. Heute stehen allerdings meist nur Weiden aus Blattgras- und Kleesorten zur Verfügung und keine Kräuterwiesen mit zusätzlichem Busch- und Mischwaldbestand. Auch die Leistungsanforderungen, insbesondere an Sportpferde,

Die Weidehaltung kommt dem natürlichen Fress- und Sozialverhalten des Pferdes am meisten entgegen und sollte daher jedem Pferd, auch einem Sportpferd, ermöglicht werden.

sowie die Haltungsbedingungen, beispielsweise die Boxenhaltung, unterscheiden sich von dem Leben eines Wildpferds. Daher sollte man versuchen, durch entsprechende Fütterung und Verbesserung der Haltungsbedingungen den Stoffwechsel so weit zu optimieren, wie es möglich ist. Dafür muss man zunächst verstehen, welche physiologischen Bestandteile Pferdefutter hat und wie sie im Stoffwechsel verwertet werden.

Fette

Fette sind organische Säuren mit sehr hohem Energiegehalt, die nicht oder nur unter Energieaufwand vom Körper hergestellt werden können. Sie enthalten etwa doppelt so viel Energie wie Kohlenhydrate. Ihre theoretischen Werte führen dazu, dass sie in vielen Kraftfutterrationen als Energielieferant eingesetzt werden. Ein Grund, warum Fette mehr Energie liefern als Kohlenhydrate, liegt darin, dass bei ihrem Abbau weniger Energie in Form von Wärme frei wird und damit mehr Energie in tatsächlich für den Körper nutzbare Energie umgewandelt werden kann. Die Fettverbrennung ist allerdings im Stoffwechsel des Pferdes nur schwach ausgeprägt, weil das Pferd durch die Evolution nicht auf fettreiche Mahlzeiten selektiert wurde. Daher müssen Fette trotz ihrer guten Energiewerte in der Pferdefütterung sehr dosiert eingesetzt werden, um Stoffwechselerkrankungen vorzubeugen.

Fette sind meist geruch- und geschmacklos, wirken aber als Aromaträger. Der bei ranzigem Fett auftretende intensive Geruch stammt von kurzkettigen freigesetzten Fettsäuren wie zum Beispiel Buttersäure, Keto- oder Hydroxy-Fettsäuren, die für den Organismus giftig sind. Diese Fettsäuren können auch beim Fettstoffwechsel im Darm beziehungsweise in der Leber auftauchen, was die Energiegewinnung aus Fett für Pferde zu einer „schmutzigen" Energie macht. Für den Stoffwechsel wertvolle, mehrfach ungesättigte Fettsäuren sind leicht verderblich, insbesondere durch Licht, Luftsauerstoff, höhere Temperaturen, Sonneneinstrahlung, Wasser und Mikroorganismen. Sie werden ranzig und damit auch giftig. Durch kühle, trockene, luftunzugängliche Lagerung schützt man die Öle. Daher ist auch nicht sinnvoll, große Kanister Öl im Pferdestall zu nutzen, da durch die Luftzufuhr das Öl schnell ranzig wird. Wird es das nicht, handelt es sich entweder um wenig wertvolle, gesättigte Fettsäuren oder es sind Konservierungsmittel wie Vitamin E zugesetzt. Aus diesem Grund ist auch Leinsamenschrot abzulehnen, weil hierbei die Ölfrucht mechanisch zerstört wird und die Ölsäuren dem Luftsauerstoff ausgesetzt werden. Ähnliches gilt für das Quetschen von Hafer.

Insulinresistenz und Fette

Bei Milchkühen wird ein Zusammenhang zwischen der Fütterung von großen Mengen Fett und Insulinresistenz diskutiert. Das immer häufigere Auftreten von Insulinresistenz beim Pferd, zusammen mit der Tendenz zur Fütterung zucker- und fettreicher Mischfutter, lässt auch hier einen Zusammenhang vermuten.

wichtig

Gequetschter Hafer muss sofort verfüttert werden, da sonst die im Hafer enthaltenen ungesättigten Fettsäuren ranzig werden.

Neben der leichten Verderblichkeit guter Öle gibt es noch zwei weitere Gründe, warum ein hoher Fettgehalt in der Nahrung zu Problemen in der enzymatischen und der mikrobiellen Verdauung führt: Erstens ist ein hoher Fettgehalt toxisch für die Darmflora. Sie benötigt ein wässriges Milieu, um optimal arbeiten zu können. Zweitens überzieht das Fett, das vom Pferd aufgrund fehlender Gallenblase nicht ausreichend emulgiert werden kann, den Nahrungsbrei schon im Dünndarm mit einem Fettfilm, sodass die Verdauungsenzyme der Bauchspeicheldrüse die Nahrungsbestandteile nicht verdauen können. Diese Fettschicht überzieht auch die Strukturkohlenhydrate, sodass diese für die Darmflora nur noch eingeschränkt zugänglich sind. Hoher Fettgehalt führt außerdem zu einer schnelleren Darmpassage des Futterbreis, was zusätzlich die Verwertung der Nahrungsbestandteile vor allem im Dünndarm reduziert. Damit führt eine übermäßige Fettfütterung letztlich zu weniger verfügbarer Energie, wenn weder die Verdauungsenzyme noch die Darmflora im Dickdarm in der Lage sind, die Nährstoffe ausreichend aufzuschließen. Fettsäuren sind dennoch wichtig für einen gut funktionierenden Stoffwechsel, solange sie in der Pferdefütterung in Maßen auftauchen.

Ihre Aufgaben sind vielfältig, sie halten die Haut locker und geschmeidig, sorgen für glänzendes Fell und gutes Hufhorn und wirken, in Maßen eingesetzt, positiv auf den Gesamtorganismus. Zu den Aufgaben gehören:

- Hormonproduktion, vor allem der Steroidhormone.
- Sie sind Bestandteil aller Zellmembranen und damit wichtig für intakte Gewebe.
- Regulierung des Blutdrucks über die Blutfette.
- Energielieferant als Reservestoff, wenn Kohlenhydrate aufgebraucht sind.
- Lösungsmittel für nur fettlösliche Stoffe, wie einige Vitamine.
- Schutzpolster für innere Organe und das Nervensystem.

Fette sind mit ihrem hohen Energiegehalt auch für viele Pflanzen ein wichtiger Energiespeicher. In Pflanzen findet man Fette daher vornehmlich in Samen oder Keimen. Pferde nehmen die notwendigen Fettsäuren bei normaler Fütterung üblicherweise durch Getreide auf, in freier Wildbahn durch Abstreifen der Grasähren und gelegentliches Fressen von Nüssen oder anderen Pflanzensamen und -keimlingen. Auch Heu enthält einen gewissen Anteil an Ölen durch die enthaltenen Samen. Man kann bei Heu von etwa einem Prozent Restölgehalt ausgehen, was bei zehn Kilogramm Heu pro Tag etwa 100 Milliliter Öl entspricht. Diese Öle werden naturgemäß langsam und über den Tag verteilt aufgenommen, was der natürlichen Fettverdauung des Pferdes entgegenkommt.

Proteine

Proteine oder Eiweiße sind aus Aminosäuren aufgebaute Makromoleküle. Aminosäuren sind eine Klasse organischer Verbindungen mit mindestens einer Carboxygruppe ($-COOH$) und einer Aminogruppe ($-NH_2$). Daher fällt beim

Abbau von Aminosäuren immer Stickstoff (N) als Abfallprodukt an, der als Harnstoff über die Nieren entsorgt werden muss. Proteine sind die Grundbausteine in allen Zellen. Sie sind wichtiger Teil der Struktur und geben den Zellen Stabilität und den Muskeln auch ihre Kontraktionsfähigkeit. Sie sind darüber hinaus die molekularen „Maschinen" der Zellen, die Stoffe entlang von Strukturproteinketten transportieren können, die Pumpen oder Kanäle in den Zellmembranen bilden, chemische Reaktionen katalysieren, Signale erkennen und die Information im Zellinneren weitergeben und vieles mehr. Ohne Proteine ist kein Leben möglich.

Beim Pferd gibt es 21 verschiedene Aminosäuren. Dabei unterscheidet man die nicht essenziellen, die der Körper selbst herstellen kann, von den essenziellen, die über die Nahrung zugeführt werden müssen. Bei der Aminosäureversorgung des Pferdes ist das Besondere, dass die Darmflora einen großen Teil der essenziellen Aminosäuren zur Verfügung stellt. Damit verbleiben beim Pferd drei Aminosäuren, die unbedingt in ausreichendem Maß in der Fütterung vorhanden sein müssen: Lysin, Methionin und Threonin. Alle anderen synthetisiert das Pferd selbst oder kann es von der Darmflora aufnehmen. Methionin kommt dabei eine doppelte Bedeutung zu, nicht nur als Teil von Proteinen, sondern auch als Lieferant von Schwefel, der beispielsweise zusammen mit Biotin im Huf zur Erzeugung von Keratin, also Hufhorn, benötigt wird. Während Biotinmängel beim Pferd praktisch nicht vorkommen, ist häufig Methionin in der Fütterung ein limitierender Faktor für die Hufhornbildung. Lysin ist die wichtigste Aminosäure für Fohlen und Jungpferde im Wachstum, daher ist die Stutenmilch sehr reich an Lysin. Auch später spielt diese Aminosäure eine wichtige Rolle, weil sie die Aufnahme von anderen Aminosäuren im Dünndarm katalysiert – je mehr Lysin also in der Ration, desto besser die Aufnahme und Verstoffwechslung aller anderen Aminosäuren.

Im Darm werden die aufgenommenen Proteine in Aminosäuren zerlegt, die absorbiert und von der Leber in Speicherproteine zusammengesetzt werden. Diese Albumine werden dem Blutstrom mitgegeben und von den Zellen herausgefiltert. Aus den Albuminen kann die Zelle wiederum Aminosäuren gewinnen, um eigene Proteine daraus aufzubauen. Die Reihenfolge der Aminosäuren innerhalb eines Proteins wird von der DNA kodiert. Die Reihenfolge der Aminosäuren im Protein bestimmt auch, wie sich das Protein nachher faltet. Erst das gefaltete Protein ist funktionsfähig. Was passiert, wenn Proteine nicht richtig gefaltet werden, hat BSE (Bovine spongiforme Enzephalopathie) eindrücklich gezeigt. Bei dieser Krankheit stimmt zwar noch die Reihenfolge der Aminosäuren, aber die Prione halten die Proteine davon ab, sich richtig zu falten.

Man unterscheidet zwei Hauptgruppen von Proteinen:

- Globuläre Proteine, deren räumliche Struktur annähernd kugel- oder birnenförmig aussieht und die meist in Wasser oder Salzlösungen gut löslich sind, wie die meisten Enzyme.
- Fibrilläre Proteine, die eine fadenförmige oder faserige Struktur besitzen, meist unlöslich sind und zu den Stütz- und Gerüstsubstanzen gehören, beispielsweise die

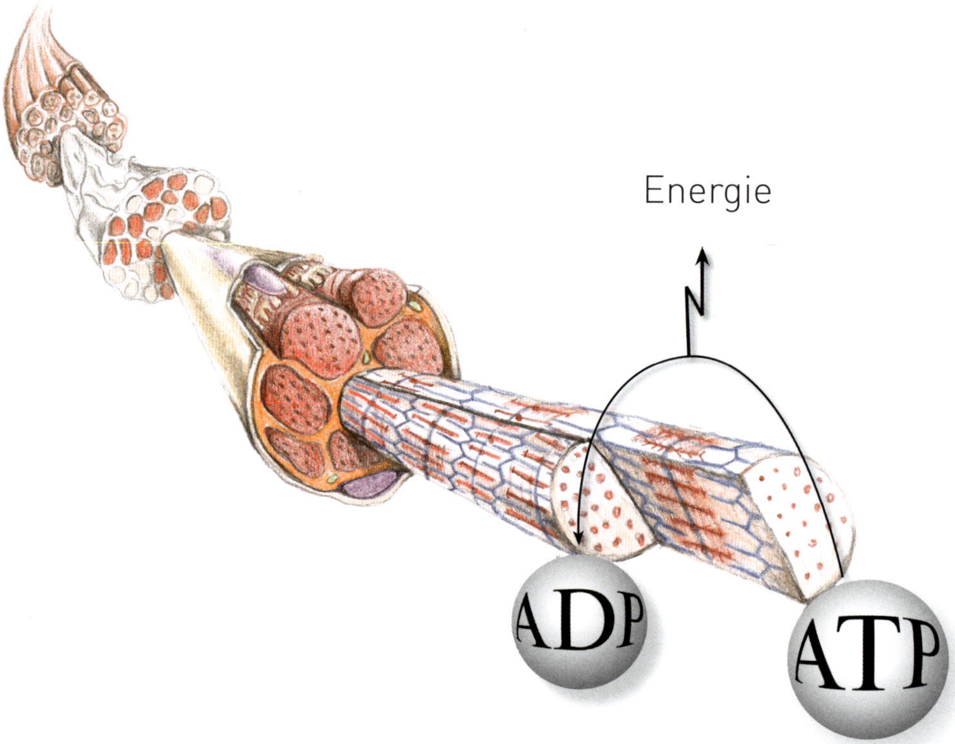

Energie

ADP

ATP

Fibrilläre Proteine sind die Grundbausteine von Muskeln und ermöglichen die Kontraktion des Muskels und damit die Fortbewegung des Pferdes.

Kollagene im Binde- und Sehnengewebe, die Keratine in Haaren und Hufhorn oder Aktin und Myosin für die Muskelkontraktion.

Die verschiedenen Proteine haben im Organismus sehr unterschiedliche Funktionen:

- Keratin gehört zu den Proteinen und dient dem Schutz und der Verteidigung. Es bildet Mähnen- und Schweifhaar, Fell, Unterwolle und das Hufhorn.
- Kollagene sind Strukturproteine der Haut, des Bindegewebes und der Knochen und machen bis zu 30 Prozent des gesamten

Körperproteins aus. Strukturproteine bestimmen den mechanischen Aufbau der einzelnen Zellen und damit auch die Struktur der Gewebe und den gesamten Körperbau.

- In den Muskeln liegen Proteine als lange Ketten, sogenannte Aktin- und Myosinfilamente, vor. Diese sorgen durch ihre Bewegung gegeneinander für die Kontraktion des Muskels und damit für Bewegung.
- In allen Zellen sowie im Verdauungstrakt befinden sich Enzyme, die biochemische Reaktionen katalysieren und kontrollieren.
- Eingebaut in die Zellmembranen als Kanäle für Ionen oder als Rezeptoren für verschiedene Moleküle wie Hormone regulieren sie nicht nur den osmotischen Druck in der Zelle, sondern sorgen auch für die Erregbarkeit des Nervensystems und dafür, dass die Zelle überhaupt auf Umweltreize reagieren kann.
- Transportproteine übernehmen den Transport wichtiger Substanzen wie Hämoglobin, das für den Sauerstofftransport zuständig ist.
- Einige Hormone sind Proteine, wie das Glukagon, das den Blutzuckerspiegel mit steuert.
- Antikörper sind ebenfalls Proteine und dienen der Abwehr von Infektionen, indem sie fremde Proteine markieren.
- Als Blutgerinnungsfaktoren verhindern Proteine einerseits einen zu starken Blutverlust bei Verletzung von Blutgefäßen, andererseits halten sie das Blut flüssig, damit es nicht zu Thrombosen kommt.
- Als Reservesubstanz dienen die Proteine dem Körper als Energielieferanten im Hungerzustand. Dabei werden die in den Muskeln, Leber und Milz gespeicherten Proteine unter Gewinnung der Energie abgebaut, um die lebensnotwendigen Prozesse des Körpers aufrechtzuerhalten.

Sowohl durch chemische Einflüsse, wie zum Beispiel Säuren, Salze oder organische Lösungsmittel, als auch durch physikalische Einwirkungen, wie hohe oder tiefe Temperaturen oder auch Druck, kann sich die Form von Proteinen ändern, ohne dass sich die Reihenfolge der Aminosäuren verändert. Dieser Vorgang heißt Denaturierung und ist in der Regel nicht umkehrbar, das heißt, der ursprüngliche dreidimensionale räumliche Aufbau kann vom Körper nicht wiederhergestellt werden. Vom Körper müssen solche Proteine erst abgebaut und aus den Aminosäuren wieder neue Proteine aufgebaut werden. Ein Vorgang, der viel Energie kostet. Daher ist der Körper immer bemüht, in seinem Gewebe ein gewisses Gleichgewicht aus Temperatur, Säuren, Basen, Salzen und so weiter zu halten, damit die Proteine optimal arbeiten können. Das Pferd hat nur relativ geringe Proteinspeichermöglichkeiten in Form von Blutalbumin. Daher werden die Aminosäuren, die überzählig sind, in der Leber abgebaut und der Stickstoff aus jeder Aminosäure zu Harnstoff umgewandelt und über die Nieren ausgeschieden. Dafür werden die Aminosäuren in der Leber deaminiert, das heißt, die stickstoffhaltige Aminogruppe wird abgespalten. Das übrig bleibende Kohlenstoffgerüst wird zum Aufbau von Glukose verwendet, die als Energielieferant zur Verfügung steht.

Belastung der Nieren bei Höchstleistungen

Bei Distanzpferden kann man bei schweren Rennen unter anderem eine Zunahme des Harnstoffgehalts im Blut feststellen. Dies ist zurückzuführen auf rapiden Gewebeabbau zur Gewinnung von Glukose aus Protein, da die Energie aus Fetten erst in der Ruhepause genutzt werden kann und nicht unter Belastung. Entsprechend belastend sind solche sportlichen Höchstleistungen für die Nieren der Tiere, die vermehrt Harnstoff entsorgen müssen.

Die Gesundheit des Pferdes ist nicht nur abhängig von der Menge, sondern auch von der Qualität der aufgenommenen Proteine. Bei der Verwertung von minderwertigen Proteinen ist die Verwertbarkeit der Aminosäuren insgesamt gering. Der Lysinanteil ist der limitierende Faktor bei der Qualität für das Pferd, zusammen mit Threonin. Überzählig vorliegende Aminosäuren werden abgebaut und ausgeschieden. Tatsächlich konnte in Untersuchungen gezeigt werden, dass der Zusatz von Lysin und Threonin bei Jährlingen zu schnellerer Gewichtszunahme durch Muskelaufbau und gleichzeitig geringeren Harnstoffkonzentrationen führt. Pferde, die diese Aminosäuren über das Futter bekamen, konnten die Schwankungen im Proteingehalt des Weidegrases besser verkraften und nahmen im Herbst schneller an Größe und Muskelmasse zu. Lysin und Threonin gehören beim Pferd zu den essenziellen Aminosäuren, können also nicht vom Körper hergestellt werden.

Dementsprechend ist nicht nur die Menge an gefüttertem Protein ein wichtiger Faktor, sondern auch die Aminosäurezusammensetzung des Proteins. Hinzu kommt, dass die Proteine für das Pferd verdaulich sein müssen – und zwar enzymatisch im Dünndarm. Komplex gebaute Strukturproteine werden im Dünndarm nicht verdaut, sondern gelangen in den Dickdarm, wo sie von der Darmflora zur Proteinsynthese verwendet werden. Proteinmangel führt beim Pferd zu vermindertem Albumin im Blut, zu Hormon- und Zyklusstörungen, zur Wachstumsverzögerung bei Jungpferden und zum Muskelabbau bei ausgewachsenen Pferden. Den Muskelabbau sieht man vor allem am Rücken und der Kruppe. Auch Herzprobleme können die Folge von Proteinmangel sein.

Eine ausreichende Menge an hochwertigem Protein ist wichtig für die Gesundheit des Pferdes. Allerdings nicht in so großen Mengen wie Strukturkohlenhydrate, da sie keine Energiegrundlage im Stoffwechsel des Pferdes darstellen. Ein erwachsenes Pferd stellt bei Weitem keine so hohen Ansprüche an die Proteinversorgung wie ein Fohlen oder eine laktierende Stute. Zu viel Protein führt beim erwachsenen Pferd im Gegenteil zu übermäßiger Belastung von Niere und Leber durch die dann stattfindende Entsorgung der Aminosäuren. Damit können Erkrankungen entstehen wie Hufrehe oder bei Zuchthengsten Sterilität.

Pferdetyp	Bedarf an verdaulichem Rohprotein in g
Ausgewachsenes Pony (300 kg) im Erhaltungsbedarf	215
Ausgewachsenes Pferd (600 kg) im Erhaltungsbedarf bis zur leichten Bewegung	365
Ausgewachsenes Pferd (600 kg), mittlere Arbeit	455-545
Ausgewachsenes Pferd (600 kg), schwere Arbeit	545-725
Stute (600 kg), letzte 3 Trächtigkeitsmonate	575-640
Milchgebende Stute (600 kg), erste 3 Monate	1185-1275
Milchgebende Stute (600 kg), 3. Monat bis Absetzen	885-1185
Fohlen (Endgewicht 600 kg), 3–6 Monate	680
Absetzer (Endgewicht 600 kg), 6–12 Monate	610
Jährling (Endgewicht 600 kg), 12–18 Monate	560
Älterer Jährling (Endgewicht 600 kg), 18–24 Monate	505
Zweijähriger (Endgewicht 600 kg), 24–36 Monate	485

Der durchschnittliche Proteinbedarf von Pferden ist unterschiedlich. (aus Coenen/Meyer, 2002, verändert Fritz)

Futtermittel	Verdauliches Rohprotein g/kg ursprüngliche Substanz (Durchschnittswert)
Wiese, grasreich	21
Weide, extensiv genutzt	20
Wiesenheu, grasreich	54
Wiesenheu, klee- und kräuterreich	75
Luzernenheu	100
Hafer	85
Gerste	87
Mais	64
Leinsamen	164
Weizenkleie	105
Leinsamen-Extraktionsschrot	285

Auch der durchschnittliche Proteingehalt von Futtermitteln, in g/kg ursprüngliche Substanz, unterscheidet sich. (aus Coenen/Meyer, 2002, verändert Fritz)

Diese Zusammenstellung zeigt, dass der Erhaltungsbedarf von 365 Gramm verdaulichem Protein bei einem Pferd, das nicht oder nur leicht gearbeitet wird, bereits durch die Fütterung von täglich zehn Kilogramm gutem Heu erreicht wird, nämlich 540-750 Gramm verdauliches Protein. Selbst ein mittelschwer gearbeitetes Pferd, das mehrmals die Woche eine Stunde normal gymnastiziert wird, kann seinen Proteinbedarf noch ausschließlich über gute Heuqualität und Weidegras decken, solange eine ausreichende Menge an gutem Heu gefüttert wird. Erst wenn die Pferde regelmäßig schwer gearbeitet werden oder es um Aufzucht- oder Zuchtpferde geht, reicht die Proteinversorgung über das Grundfutter nicht aus und der Bedarf muss über eine entsprechende Kraftfuttergabe ausgeglichen werden.

Zu beachten ist zusätzlich, dass bei den natürlichen Futtermitteln für Pferde wie Gras oder Heu der Proteingehalt auch stark mit der Pflanzenzusammensetzung und der Jahreszeit variiert.

Kohlenhydrate

Kohlenhydrate sind eine Gruppe von chemischen Verbindungen, die alle aus Zuckermolekülen bestehen. So wie Aminosäuren die Bausteine von verschiedenen Proteinen sind, bestehen alle Kohlenhydrate letztlich aus Zucker. Man unterscheidet bei den Zuckern Monosaccharide (Einfachzucker), Disaccharide (aus zwei Zuckermolekülen) und Oligo- oder Polysaccharide aus vielen Zuckermolekülen. Neben der Anzahl der Zuckermoleküle liegen die Unterschiede auch darin, wie die Zuckermoleküle aneinandergekettet sind und wie komplex diese

Die verschiedenen Kohlenhydrate werden im Verdauungssystem an unterschiedlichen Stellen aufgespalten und aufgenommen.

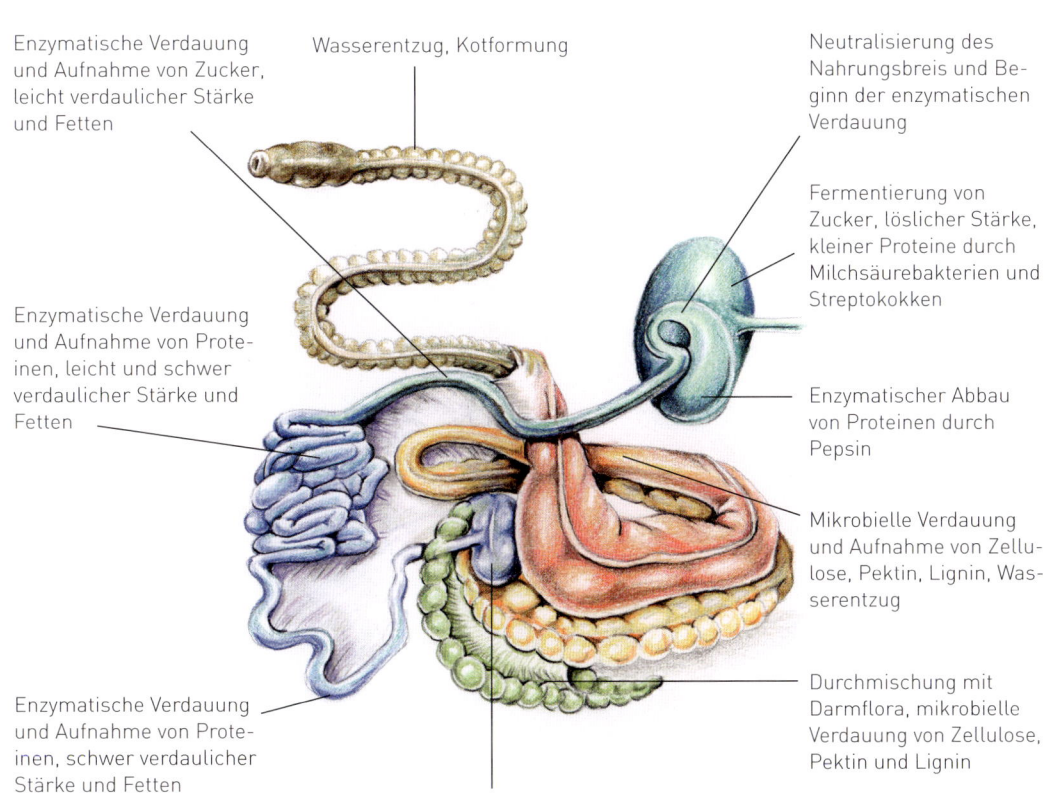

Enzymatische Verdauung und Aufnahme von Zucker, leicht verdaulicher Stärke und Fetten

Wasserentzug, Kotformung

Neutralisierung des Nahrungsbreis und Beginn der enzymatischen Verdauung

Fermentierung von Zucker, löslicher Stärke, kleiner Proteine durch Milchsäurebakterien und Streptokokken

Enzymatische Verdauung und Aufnahme von Proteinen, leicht und schwer verdaulicher Stärke und Fetten

Enzymatischer Abbau von Proteinen durch Pepsin

Mikrobielle Verdauung und Aufnahme von Zellulose, Pektin, Lignin, Wasserentzug

Enzymatische Verdauung und Aufnahme von Proteinen, schwer verdaulicher Stärke und Fetten

Durchmischung mit Darmflora, mikrobielle Verdauung von Zellulose, Pektin und Lignin

Beginn der Fermentierung durch die Darmflora

Ketten in sich verdreht und zusätzlich verzweigt sind. Einfache Zucker, wie sie in der Pferdefütterung in Form von Melasse, Sirup, Saccharose, Glukose, Fruktose vorkommen, können direkt vom Pferd verwertet werden, ohne dass sie im Dünndarm enzymatisch aufgeschlossen werden müssen.

Kohlenhydrate in Form von Stärke müssen im Dünndarm zuerst verdaut werden. Je nachdem, wie leicht sie aufgeschlossen werden, unterscheiden sich die Stärketypen: So werden einige schon im Magen durch die dort siedelnden Milchsäurebakterien verdaut. Andere werden früh im Dünndarm aufgeschlossen. Beide

Kohlenhydrat	Vorkommen	Funktion
Glukose	Früchte, Blüten	Grundbaustein
Fruktose	Früchte, junge Blätter, Blüten	Grundbaustein
Saccharose	Früchte, junge Blätter, junge Stängel, Gras, Blüten	Grundbaustein
Stärke	Samen, Getreide, Wurzeln	Energiespeicher
Fruktan	Grashalme, Blätter, Wurzeln, Äste	Energiespeicher
Pektin	Früchte, Knollen, Wurzeln, Stängel, Blüten, Blätter	Struktur und Gerüst
Zellulose/Hemizellulose	Stängel, Blätter, Hauptbestandteil von Grünland, Heu und Weide	Struktur und Gerüst
Lignin	„Holzfaser", Äste, Wurzeln, überständige Grasstängel und Kräuter, Stroh	Struktur und Gerüst

Kohlenhydrate sind in all ihren verschiedenen Formen Bestandteile von Pflanzen – sei es in Wurzeln, Stängeln, Blättern, Blüten oder Früchten.

Typen dieser Amylosen oder löslichen Stärken lassen den Blutzuckerspiegel schnell ansteigen, liefern also schnelle Energie, analog zum Einfachzucker. Je komplexer die Stärkemoleküle aufgebaut sind, umso länger benötigen die Enzyme im Dünndarm, um sie zu verdauen. Man spricht auch von langsamer Stärke oder Amylopektin. Einige Stärkesorten sind so komplex aufgebaut, dass die Passagezeit durch den Dünndarm nicht ausreicht, um sie enzymatisch zu verdauen. Sie gelangen in den Dickdarm und können dort Fehlgärungen verursachen. Daher muss bei der Fütterung nicht nur auf den Gehalt an Stärke, sondern auch auf die Form geachtet werden, um eine optimale Verwertbarkeit zu gewährleisten.

Die Strukturkohlenhydrate, vor allem Pektin, Zellulose, Hemizellulose und Lignin, sind Pflanzenkohlenhydrate, die das Pferd durch mikrobielle Fermentierung aufschließen kann. Ist die Darmflora gestört, kann das Pferd die Energie aus diesen Strukturkohlenhydraten nicht verwerten und es kommt zu einem Energiemangel trotz augenscheinlich ausreichender Fütterung.

Zur Energiegewinnung ist das Pferd vollständig auf die optimale Verwertung von Kohlenhydraten als Energieträger ausgelegt. Der Energiegehalt von einem Gramm Kohlenhydrat beträgt rund 17,2 Kilojoule (kJ) (= 4,1 kcal). Dabei ist der Stoffwechsel des Pferdes auf die schwer verdaulichen Strukturkohlenhydrate ausgelegt. Leicht verdauliche Kohlenhydrate, wie sie durch große Kraftfuttermahlzeiten oder noch mehr durch thermischen Aufschluss der Getreide erreicht werden, sind für den Stoffwechsel des Pferdes ausgesprochen ungesund. Equines Metabolisches Syndrom und einige Formen von Equinem Cushing Syndrom können die Folge sein, außerdem Hufrehe und Hautprobleme wie Ekzeme.

Alle Kohlenhydrate werden von den Pflanzen durch Fotosynthese aus CO_2 und Wasser gebildet. So wird die Energie des Sonnenlichts in chemische Energie umgewandelt und gespeichert. Um sie länger zu speichern oder als Gerüststrukturen zu verwenden, werden die einfachen Zucker miteinander verkettet zu Speicherkohlenhydraten wie Stärke oder Fruktan oder zu Strukturkohlenhydraten wie Zellulose oder Pektin. Benötigt die Pflanze aufgrund ihrer Größe oder ihres Alters zusätzliche Stabilität, steigt der Anteil an Lignin. Das Pferd kann etwa 85 Prozent einer Pflanze verwerten und scheidet nur einen geringen Anteil von etwa 15 Prozent als unverdaulich aus. Diese hohe Verdaulichkeit erreicht kaum ein anderes Tier. Im Darm des Pferdes werden die von den Pflanzen gebildeten, komplexen Kohlenhydratverbindungen wieder aufgebrochen in Ein- und Zweifachzucker, die über die Darmschleimhaut aufgenommen und über das Pfortadersystem dem Blutstrom zur Leber mitgegeben werden. Bei der Energiegewinnung aus Kohlenhydraten in den Zellen entsteht unter Sauerstoffverbrauch wieder CO_2 und Wasser. Kohlenhydrate sind damit immer die direkteste und sauberste Form der Energiegewinnung für das Pferd.

Blutzucker

Im Blut zirkulierender sogenannter Blutzucker wird von allen Zellen im Körper als Energielie-

ferant verwendet. Dazu gehören als „Großver-braucher" vor allem Muskeln und Nervengewe-be, aber auch alle anderen Zelltypen benötigen Blutzucker zur Aufrechterhaltung ihrer eige-nen Stoffwechselprozesse. Der Zucker wird in den Zellen aufgenommen und dort in den Mito-chondrien, den „Kraftwerken" der Zelle, zu ATP umgewandelt. ATP ist der Energielieferant für die meisten biochemischen Reaktionen inner-halb der Zellen. Gesunde Pferde halten ihren Blutzuckerspiegel innerhalb sehr enger Gren-zen konstant. Das ist notwendig, da das Pferd überwiegend Zucker aus seiner Nahrung auf-nimmt – sei es nach enzymatischer Verdauung im Dünndarm oder mikrobieller Fermentation im Dickdarm – und die meisten Gewebe auch

Nach der Aufnahme von Kohlenhydraten steigt der Blutzuckerspiegel an. Der Pferdestoffwechsel kann starke Schwankungen im Blutzuckerspiegel nur langsam zurück zum Normalwert regulieren.

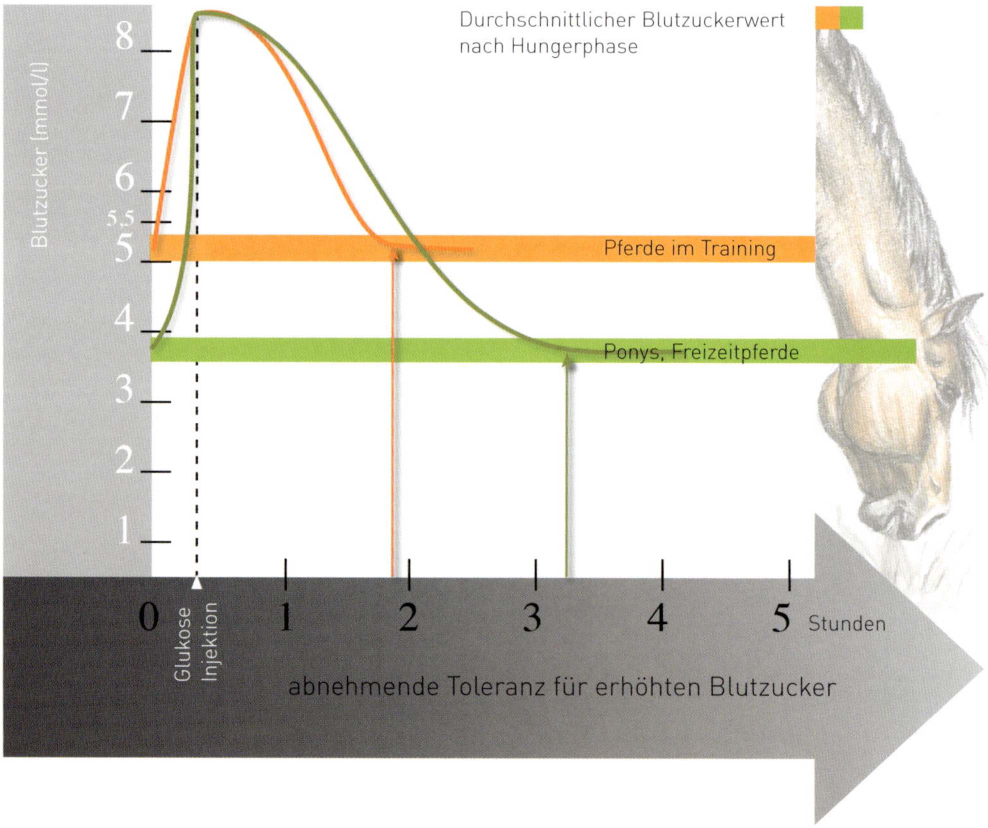

Blutzucker [mmol/l]

8 —
7 —
6 —
5,5 —
5 — Pferde im Training
4 — Ponys, Freizeitpferde
3 —
2 —
1 —

Durchschnittlicher Blutzuckerwert nach Hungerphase

Glukose Injektion

0   1   2   3   4   5   Stunden

abnehmende Toleranz für erhöhten Blutzucker

Zucker als Energiespender verwenden. Ein dauerhaft erhöhter Blutzuckerspiegel schädigt die Nieren, die Durchblutung in den Kapillaren und führt letztlich immer zu Krankheitssymptomen. Der Blutzuckerspiegel steigt deutlich an nach einer Kraftfuttermahlzeit und kann mehrere Stunden erhöht bleiben. Die Rückkehr zum Normalwert ist sehr langsam. Bei Ponys und Pferden, die nicht im Training stehen, ist die Rückkehr zum Normalwert noch mehr verlangsamt. Die Höhe des Blutzuckerspiegels und die Dauer bis zur Rückkehr zum Normalwert hängt von der Futterart und vom Trainingszustand des Pferdes ab.

Die Dauer des erhöhten Blutzuckerspiegels ist die Zeit, die die Leber benötigt, um den überschüssigen Zucker aus dem Blut zu filtern und in den Speicherzucker Glykogen umzuwandeln. Bei sehr hohen Werten nehmen auch die Muskelzellen vermehrt Zucker aus dem Blut auf und lagern ihn als Glykogen ein, sofern sie ihn nicht direkt für die Arbeit in Energie umsetzen. Diese Aufnahme von Zucker aus dem Blut wird durch das Hormon Insulin vermittelt. Hat das Pferd einen permanent hohen Blutzuckerspiegel, kann es passieren, dass die Insulinrezeptoren durch den ständigen Gebrauch defekt werden. Dann spricht man von einer Insulinresistenz, die man mit dem „Altersdiabetes" der Menschen vergleichen kann. Häufig geht diese Erkrankung einher mit dem Equinen Metabolischen Syndrom oder einer Form des Equinen Cushing Syndroms. Einige Pferde haben im Lauf der Evolution vermehrt Insulinrezeptoren in ihren Muskelzellen entwickelt, um trotz besonders kohlenhydratarmer Ernährung die Muskeln dennoch mit ausreichend Energie

versorgen zu können. Bekommen diese Pferde größere Mengen leicht verdaulicher Kohlenhydrate, werden die Muskelzellen überversorgt und man findet neben pathologisch hohen Glykogenwerten auch Stärkeeinlagerungen in den Muskelzellen. Die Symptomatik bezeichnet man dann als Polysaccharid-Speicher-Myopathie, kurz PSSM.

Vitamine

Vitamine sind Nährstoffe, die Pferde nur in sehr geringen Mengen benötigen, ähnlich wie Hormone. Die Unterteilung in Hormone und Vitamine entstammt der Definition, dass Hormone vom Körper produziert werden, Vitamine aber über die Nahrung zugeführt werden müssen. Diese Definition ist heute so nicht mehr haltbar, da viele Vitamine vom Körper selbst hergestellt werden können, zum Beispiel Vitamin D. Der Bedarf an den verschiedenen Vitaminen ist auch sehr variabel. So benötigt das Pferd beispielsweise tausendmal weniger Vitamin E als Vitamin D oder B_{12}. Die Methoden, den tatsächlichen Vitaminbedarf für Pferde zu bestimmen, sind leider meist nicht besonders präzise. Es ist auch unter experimentellen Bedingungen sehr schwer, bei Pferden Vitaminmängel zu erzeugen. Außerdem wurden viele Versuche zur Bedarfsermittlung nicht am Pferd, sondern an anderen Tieren durchgeführt und aufgrund der Körpergröße auf das Pferd hochgerechnet. Man kann aber nicht eine Spezies mit der anderen vergleichen. So müssen Meerschweinchen Vitamin C zwingend mit der Nahrung zu

sich nehmen, während Pferde Vitamin C aus Glukose selbst herstellen können.

wichtig

Es gibt wenig Anzeichen dafür, dass Pferde unter natürlichen Haltungs- und Fütterungsbedingungen überhaupt Vitaminmängel haben können.

Die Vitamine sind meist entweder im Futter enthalten, werden vom Pferd selbst synthetisiert oder von der Darmflora zur Verfügung gestellt, wie im Fall von Vitamin K und den Vitaminen des B-Komplexes. Das Pferd kann Vitamin C aus Glukose synthetisieren, in der Haut kann es Vitamin D bilden unter Einfluss von Sonnenlicht. Vitamin B_3 (Niacin) kann das Pferd im Gewebe aus der Aminosäure Tryptophan bilden, und Choline, die Bausteine für Folsäure und Vitamin B_{12}, können vom Pferd aus Methionin hergestellt werden. Darüber hinaus ist die pflanzliche Ernährung des Pferdes reich an Vitaminen, daher gibt es zum Beispiel keine Biotinmängel beim Pferd. Dazu kommt die Tatsache, dass Pferde Vitaminspeicher anlegen, sodass sie auch in Perioden relativen Vitaminmangels ausreichend Vitamine für den Stoffwechsel zur Verfügung haben. So kann gutes Weideland das Pferd mit so viel Vitamin A versorgen, dass es mit den Vorräten durch den größten Teil des Winters kommt. Das, zusammen mit dem in gutem Heu noch in Resten vorhandenen Vitamin A, bringt den Stoffwechsel des Pferdes bis zum Beginn der Weidesai-

Vitaminmangel beim Pferd

Lediglich bei reiner Stallhaltung und Fütterung mit überlagertem, altem Heu kann man einen Mangel der Vitamine A und E finden. Diese verschwinden aber sehr schnell, wenn man die Pferde im Sommer grasen lässt. Unter bestimmten Umständen, zum Beispiel bei hohem Alter, haben Pferde allerdings Probleme, ausreichend Vitamine aufzunehmen, vor allem die fettlöslichen. Das liegt daran, dass der Darm im Alter oder nach schwerer Krankheit oft nicht mehr ausreichend funktioniert und die Aufnahme dieser Vitamine trotz ausreichendem Angebot durch die Nahrung nicht gewährleistet ist. Auch starker Parasitenbefall kann aus demselben Grund zu Vitaminmangel führen.

son im Frühjahr ohne messbaren Vitamin-A-Mangel.

Die benötigten Mengen Vitamine sind sehr umstritten, da sie mit der Qualität des Grundfutters, dem Zustand der Darmflora und den Leistungsanforderungen an das Pferd stark schwanken. Daher findet man bei verschiedenen Autoren auch ganz unterschiedliche Angaben:

Ausgewachsene Pferde						
	Erhaltungs-bedarf	Intensive Arbeit	Stute letzte 90 Tage Trächtigkeit, Zuchthengst	Milchgebende Stute	Fohlen	Jährling
Vitamin A (I. E.)	1 600	1 600	3 500	3 000	3 000	2 500
Vitamin D (I. E.)	500	500	700	600	800	700
Vitamin E (mg)	50	80	60	60	70	60
Vitamin B$_1$ (mg)	3	4	3	4	4	3
Vitamin B$_2$ (mg)	2,5	3,5	3	3,5	3,5	3
Vitamin B$_6$ (mg)	4	6	5	6	6	5
Vitamin B$_5$ (mg)	5	10	5	8	10	5
Biotin (mg)	200	200	200	200	200	200
Folsäure (mg)	0,5	1,5	1	1	1,5	0,5
Vitamin B$_{12}$ (µg)	0	5	0	0	15	0

Empfohlene Tagesmengen der Vitamine: Da die meisten schon im Übermaß in Weidegras und Heu enthalten sind, gelten diese Werte nicht als Richtwerte für die Zufütterung synthetischer Vitamine. (aus Frape, 2010)

Auch über die Verwendung von Vitaminen im Stoffwechsel des Pferdes ist relativ wenig bekannt. So weiß man zwar aus Erfahrung, dass erhöhte Gabe von ß-Carotin die Fruchtbarkeit von Zuchtstuten erhöht, aber welche chemischen Prozesse hierbei ablaufen, ist bis heute kaum bekannt. Gleichzeitig fördern hohe Vitamin-A- beziehungsweise ß-Carotin-Gaben aber

auch das Wachstum der Parasiten im Darm, ebenfalls ein Effekt, den man aus Beobachtungen kennt, aber über dessen Mechanismus nur wenig bekannt ist. Von den vielen Hunderten Carotin-Derivaten, die das Pferd im Stoffwechsel aus ß-Carotin und Vitamin A herstellt, weiß man kaum, was ihre Aufgaben sind oder wie sie genau metabolisiert werden.

Man unterscheidet bei Vitaminen zwei Hauptkategorien: fettlösliche und wasserlösliche Vitamine. Die fettlöslichen Vitamine werden mit Nahrungsfetten zusammen absorbiert und werden anschließend im Fettgewebe gespeichert. Da im Grundfutter des Pferdes immer auch Fette enthalten sind – im Heu durchschnittlich ein Prozent Fett –, werden die Vitamine auch ohne zusätzliche Ölfütterung sehr gut aufgenommen.

Fettlösliche Vitamine

Vitamin A (Retinol)

Das Pferd nimmt Vitamin A im Wesentlichen in Form seiner Vorstufen aus dem Grundfutter auf. Die Vorstufen von Vitamin A werden als Provitamin A bezeichnet. Sein bekanntester Vertreter ist ß-Carotin, ein Pflanzenfarbstoff, den man in allen Grünfuttern wie Weidegras, Kräuter oder Laub und in roten Früchten wie Karotten oder Hagebutten findet. Es wird vom Pferd bereits im Dünndarm zu Vitamin A umgewandelt und dann im Körper weiter umgebaut zum biologisch wirksamen All-trans-Retinol. Die Verwertbarkeit von ß-Carotin liegt normalerweise bei etwa 1/40 von der vorhandenen Menge. Dieser Wert schwankt aber stark

je nach der aufgenommenen Menge und dem Füllzustand der Vitaminspeicher des Pferdes. Das ist evolutionsbiologisch sinnvoll, weil es sonst zu einer ständigen Überversorgung mit Vitamin A käme. Darüber hinaus hat ß-Carotin auch eine eigene Wirkung im Organismus, unabhängig vom Vitamin A.

Frisches Weidegras ist eine gute Vitamin-A-Quelle für das Pferd. Durch die Trocknung zu Heu geht Vitamin A und ß-Carotin in Teilen verloren. Etwa sechs Monate nach der Ernte ist praktisch kein Vitamin A mehr im Heu enthalten, außer das Heu sieht noch deutlich grün aus. Hier spielt die Verarbeitung bei der Ernte und die Lagerung eine wichtige Rolle für den Erhalt der Vitamine, denn diese sind empfindlich gegen Sonnenlicht und Feuchtigkeit. Vitamin A kann vom Pferd in der Leber über einen langen Zeitraum gespeichert werden, um Mangelphasen zu überbrücken. Nimmt man dem Pferd die ß-Carotin-Quelle Gras und füttert nur sehr altes Heu und Stroh, so sind innerhalb von etwa zwei Monaten die Vitaminreserven aufgebraucht. Füttert man Heu ordentlicher Qualität, kommt das Pferd normalerweise auch ohne Zufütterung anderer ß-Carotin-Quellen gut über den Winter, sofern es im Sommer Zugang zu Weidegras oder Grünschnitt hat. Alternativ kann man auch Phasen schlechter ß-Carotin-Versorgung, wie sie im Winter häufiger auftreten, überbrücken durch die Zufütterung von zwei bis drei Karotten täglich.

Das Blutplasma-Retinol ist relativ gering beim Pferd. Allerdings reagiert dieser Wert kaum auf Veränderungen in der Fütterung. Weder Über- noch Unterdosierung führt zu sichtbaren Effekten, da diese von der Leber abge-

Weideland bietet den Pferden reichlich die Vitamine A, E und ß-Carotin.

puffert werden. Eine bekannte Folge von Vitamin-A-Mangel ist die Nachtblindheit, da der Retina im Auge das wichtige Retinol fehlt. Fehlt Vitamin A, kann man außerdem Haut- und Schleimhautprobleme beobachten. Es wird daher auch als Epithelschutzvitamin bezeichnet. Bei Mangel verhornen die Haut- und Schleimhautschichten und die Sekretion der Schleimhäute nimmt ab, was zu einer Austrocknung und damit steigender Infektionsgefahr führt – nicht nur der Schleimhäute, sondern auch der Außenhaut. Auch die Schleimhäute des Verdauungsapparats und des Niere-Blase-Systems sowie der Geschlechtsorgane leiden darunter. Daher sollte man vor allem bei Zuchtstuten auf eine gute Versorgung mit Vitamin A, zum Beispiel in Form von Weidegang, achten. Starker Vitamin-A-Mangel kann sich beim ausgewachsenen Pferd außerdem in schlechtem Hufhorn und Fesselgelenksgallen beziehungsweise empfindlichen Beugesehnen äußern. Vitamin A spielt darüber hinaus eine wichtige Rolle im Knochenstoffwechsel, daher kann Vitamin-A-Mangel zu Lahmheiten und Ataxien führen.

Aber umgekehrt kann auch eine Überversorgung, vor allem von Jungpferden im Wachstum, zu schlechterem Knochenmaterial und damit einer Neigung zu Strahlbein- oder Gleichbeinlahmheiten sowie zu Griffelbeinfrakturen führen – neben einer schlechten Fellqualität und depressiven Zuständen mit verringertem Muskeltonus, der wiederum das Entstehen von Frakturen und Sehnenschäden begünstigt. Leiden Zuchtstuten unter Vitamin-A-Mangel, so kommt es zu Plazentastörungen, niedrigem Geburtsgewicht, langsamer Wachstumsrate sowohl des Fötus als auch des Fohlens und häufig zu Stelzfußentwicklung bei den Fohlen. Fohlen, die zu niedrige Vitamin-A-Werte haben,

Karotten enthalten reichlich ß-Carotin, sollten aber wegen ihres hohen Zuckergehalts nur in Maßen verfüttert werden. (Foto: Neddens Tierfoto)

Vitamin-A-Mangel und Überschuss

Da unsere Pferde im Winter häufig Karotten gefüttert bekommen und im Sommer Weidezugang haben – und sei es das Grasen an der Hand –, treten Mangelzustände nur sehr selten auf.

Viel häufiger ist die Überversorgung, insbesondere der Jungpferde, die oft zusätzlich zu ihrer Weidehaltung mit stark vitaminisierten Aufzuchtfuttern gefüttert werden. Bei einer Aufnahme von etwa der fünffachen empfohlenen Menge kann man von toxischen Schäden durch Vitamin A ausgehen.

weisen eine erhöhte Scheuerneigung auf. Diese Probleme treten aber nur bei deutlichen Vitamin-A-Mangelzuständen auf.

ß-Carotin

Das Pflanzenpigment ß-Carotin ist der Vorläufer von Vitamin A, hat aber im Körper auch eine davon unabhängige Wirkung. Zum einen beugt es oxidativem Stress in den Zellen vor. Zum anderen stimuliert ß-Carotin-Fütterung die ovarielle Aktivität bei Stuten und führt damit zu besseren Fruchtbarkeitsergebnissen. Daher wirkt sich ausgiebiger Weidegang positiv auf die Rosse aus und umgekehrt geht die Rosse der Stuten im Winter zurück. Für Zuchtstuten sinnvoll sind hier Frühjahrsweiden, auf denen eine Mischung aus Blatt- und Kleesorten wächst. Damit können die Zuchtstuten ihren Bedarf mehr als decken. Auch Luzerne gehört zu den Pflanzen, die reich sind an ß-Carotin. Luzerne unterstützt Zuchtstuten auch mit ihrem hohen Proteingehalt.

Vitamin D$_2$ (Ergocalciferol) und D$_3$ (Cholecalciferol)

In der Literatur zur Fütterung des Pferdes wird sehr viel geschrieben über die Bedeutung des Calcium-Phosphat-(Ca:P)-Verhältnisses in der Nahrung als Garant für eine gute Knochenentwicklung. So kann sowohl ein Übermaß an Calcium als auch ein Übermaß an Phosphat zu Knochendemineralisierung führen und damit zu Überbeinen oder Frakturen. Es wird daher in der Berechnung von Futterrationen viel Augenmerk darauf gelegt, dass die gefütterten Komponenten zu einem ausgewogenen Ca:P-Verhältnis führen. Weitgehend unbeachtet dagegen ist die Tatsache, dass Vitamin D dafür zuständig ist, dieses Ca:P-Gleichgewicht im Körper, vor allem im Knochen, herzustellen. Statt also die Menge an aufgenommenem Calcium und Phosphat auf die Kommastelle genau zu berechnen, sollte man sich

Das Pferd kann Vitamin D mit Hilfe von Sonnenlicht in der Haut bilden.

mehr Gedanken über den optimalen Vitamin-D-Haushalt machen, weil damit Schwankungen oder Ungleichgewichte von Calcium und Phosphat in der Nahrung ausgeglichen werden können.

Die Rolle von Vitamin D im Stoffwechsel des Pferdes, vor allem in der Regulation des Calcium-Haushalts, wurde erst in den letzten Jahren entdeckt. Ein wichtiges Hormon ist hier das Parathyroid-Hormon (PTH), das von der Nebenschilddrüse ausgeschüttet wird. Es konnte gezeigt werden, dass bei einer Abnahme von Calcium im Blut sofort das PTH ansteigt. PTH seinerseits regt den Vitamin-D-Stoffwechsel an. Dieses Vitamin hat verschiedene Funktionen im Dünndarm- und im Knochenstoffwechsel, um den Calciumspiegel wieder zu normalisieren. Im Winter sinken die Werte aller Vitamin-D-Typen deutlich ab, steigen dann zum Frühjahr hin wieder an und erreichen im Sommer ihren Höhepunkt. Diese Schwankungen sind zurückzuführen auf die Tatsache, dass Vitamin D_3 in der Haut unter Einfluss von UV-Strahlung gebildet wird. Diese ist im Sommer intensiver, länger andauernd und kann beim Pferd die Haut besser erreichen, da weder Winterfell noch Thermodecke den Zugang zur Haut erschweren. Vitamin D_2 hingegen entsteht durch UV-Bestrahlung von Pflanzen und ist in großer Menge in Heu vorhanden, allerdings nicht in jungem Grünfutter und Getreide. Vitamin D_2 kann bei Bedarf vom Stoffwechsel des Pferdes in das benötigte Vitamin D_3 umgewandelt werden. Daher ist es selbst bei Haltung ohne Zugang zu Sonnenlicht nicht möglich, beim Pferd einen Vitamin-D-Mangel zu erzeugen, solange die Pferde Heu in ordentlicher Qualität bekommen.

Im Dünndarm hat Vitamin D die Aufgabe, die Calciumabsorption zu regulieren. Aus diesem Grund ist auch die Überdosierung von Vitamin D schädlich, da es zu einer übermäßigen Aufnahme von Calcium führt und damit der Mineralstoffwechsel belastet wird.

Im Knochengewebe sorgt Vitamin D zusammen mit PTH für die Mobilisierung der Mineralien im Knochen. In der Niere stimuliert PTH die Rückabsorption von Calcium, blockiert aber die Rückabsorption von Phosphat, sodass dieses vermehrt ausgeschieden werden kann. Die Aufgabe von PTH mit Vitamin D, zusammen mit dem Hormon Calcitonin, besteht also darin, Calcium im Blut konstant hoch zu halten. Sie modulieren Calcium und Phosphat im Körper, aber mit unterschiedlichen Signalen. Ein Regelmechanismus erlaubt eine relative Unabhängigkeit des Pferdes gegenüber den zugefütterten Verhältnissen von Calcium und Phosphat, solange ausreichend Vitamin D in der Haut gebildet werden kann. Eine Störung des Vitamin-D-Haushalts hat damit einen wesentlich größeren Einfluss auf den Knochenstoffwechsel als die genaue Einstellung des Ca:P-Verhältnisses der Futtermittel, die ohnehin schwierig ist, weil die Mineralzusammensetzung im Heu starken Schwankungen unterliegt.

wichtig

Bei einem Vitamin-D-Mangel kommt es eher zu Knochenproblemen, wie mangelnder

Mineralisierung, Überbein- oder Schalebildung, als bei Schwankungen im Ca:P-Verhältnis oder der Gesamtmenge von in der Fütterung enthaltenem Calcium und Phosphat. Vitamin-D-Mangel kann nur entstehen, wenn die Pferde nicht ausreichend Tageslicht bekommen und ausschließlich schlechte Heuqualität gefüttert wird.

Vitamin D spielt als synthetisch zugesetztes Vitamin in der Fütterung keine Rolle. Wichtig ist eine ausreichende Vitamin-D-Versorgung vor allem bei Fohlen und Jungpferden im Wachstum, da diese einen erhöhten Calcium- und Phosphatbedarf zur Mineralisierung der wachsenden Knochen haben. Die Zufütterung von synthetischem Vitamin D in größeren Mengen über stark vitaminisierte Aufzuchtfutter ist jedoch kontraproduktiv und äußert sich in schlechter Knochendichte zusammen mit einer erhöhten Neigung zur Entstehung von Osteochondrosis dissecans (Chips), Strahlbein- und Gleichbeinlahmheiten, Griffelbeinfrakturen und Überbeinen. Überhöhte Gaben von Vitamin D sind aber auch für ausgewachsene Pferde auf Dauer ungesund und können zu folgenden Symptomen führen: Lahmheiten, Ataxien, Appetitlosigkeit, Nierenproblem und Gefäßerkrankungen. Daher sollte bei der Haltung auf ausreichende Sonnenlichteinstrahlung auch im Winter geachtet werden.

Ein Mischfutter, dem 1 000 I. E. (Internationale Einheiten) Vitamin D/Kilogramm zugesetzt sind, sollte den Vitamin-D-Bedarf auch im Winter bei schlechter Heuqualität decken. Leicht erhöhte Gaben von Vitamin D können auch etwas zu geringe Anteile an Calcium bei gleichzeitig zu hohem Phosphatanteil in der Fütterung ausgleichen. Das kommt bei Haltung auf Sand- oder Moorböden oder bei sehr kraftfutterbetonter Fütterung mit geringem Heuanteil vor. Eine Überdosierung von Vitamin D ist jedoch schädlich. Die Gabe von 2 000–3 000 I. E./ Kilogramm Körpergewicht oder 60 000–100 000 I. E./Kilogramm Futter täglich führen zu erheblichen Schädigungen, die ähnliche Symptome aufweisen können wie ein Vitamin-D-Mangel.

Vitamin E (-Tocopherol)

Tocopherol und die verschiedenen Formen von Tocotrienol wirken als Antioxidanzien sowohl im Futter als auch im Verdauungstrakt des Pferdes. -Tocopherol ist die einzige Form, die im Gewebe des Pferdes gefunden wird. Natürliche Formen von Vitamin E sind deutlich höher bioverfügbar als synthetische Versionen (DL- -Tocopherol). Die biokatalytisch aktive Form scheint jedoch -Tocopherol zu sein.

Die Tocopherole reagieren selbst mit freiem Sauerstoff und schützen dadurch andere Moleküle davor, von diesem freien Sauerstoff zerstört zu werden. Daher wird Vitamin E in Futtermitteln durch schlechte Lagerbedingungen wie Sonnenlicht oder Feuchtigkeit und Silierung geschädigt. In Heulage ist praktisch kein Vitamin E mehr enthalten. Viele stabilisierende Futterchemikalien in Mischfuttern, die sogenannten Konservierungsmittel, zerstören ebenfalls Vitamin E. Umgekehrt wird häufig Vitamin E als Konservierungsmittel in Mischfuttern oder Ölen eingesetzt. In Getreide, das zur Steigerung der Verdaulichkeit behandelt ist, liegen die Fettsäuren frei. Durch den Kontakt mit Luft können sie schneller oxidiert werden und

das Futter wird ranzig. Das zugesetzte Vitamin E wird anstelle der Fettsäuren oxidiert und schützt sie damit. Bei pelletiertem Futter passiert das nicht in dem Maß. Alternativ werden die Futtermittel mit einem chemisch stabilisierten -Tocopherol versetzt, das noch weniger bioverfügbar ist als die normale synthetische Version.

Im Körper schützt Vitamin E die Zellmembranen und subzellulären Membranen vor stark reaktionsfähigen Sauerstoffverbindungen und ist unentbehrlich für die Struktur und Funktion verschiedener Gewebe, besonders der Herz- und Skelettmuskulatur. Vitamin E ist damit das wichtigste antioxidative Vitamin zum Schutz des Körpergewebes. Ein Mangel führt zu Störungen der Membrandurchlässigkeit im Gewebe: Die Zellen werden schlechter versorgt und können sich weniger gegen Einflüsse von außen wehren. Zudem verbraucht das Gewebe mehr Sauerstoff und am Ende kommt es zur Muskeldegeneration. Deshalb wird Vitamin E auch häufig als „Muskelvitamin" bezeichnet. Fortpflanzungsprobleme, Muskelschwäche bei Fohlen und Störungen in der Entwicklung des Nervensystems werden ebenso mit Vitamin E in Zusammenhang gebracht wie die mangelnde Bildung von Antikörpern, wenn zusätzlich Selenmangel vorliegt.

Der Bedarf an Vitamin E beim Pferd wird seit Langem untersucht. Empfehlungen sprechen von 10–15 mg/kg Futter, um eine ausreichende Vitamin-E-Versorgung zu gewährleisten. Andere Untersuchungen sprechen von 600–1 800 mg DL- -Tocopherol-Acetat, dem synthetischen Vitamin E, täglich. Dies entspricht etwa 1,5–4,4 mg/kg Körpergewicht. Es stellt sich die Frage, ob man wirklich eine Sättigung mit Vitamin E erreichen kann und will, wenn es doch durch seine Funktion, die Oxidation, zerstört wird. Das in bisherigen Untersuchungen tolerierte Maximum von Vitamin E lag bei 300 mg/kg Futter, das entspricht etwa 8–9 mg/kg Körpergewicht.

Vitamin E wird außerdem für ein gut funktionierendes Immunsystem benötigt. So können Pferde auch auf Impfungen durch Gabe von Vitamin E vorbereitet werden. Es führt sowohl bei

Vitamin-E-Zufütterung bei Sportpferden?

Die Annahme, dass zusätzliche Vitamin-E-Gabe positiv auf die Muskulatur wirkt und daher bei Sportpferden sinnvoll und notwendig ist, stützt sich auf Untersuchungen an Ratten, bei denen Vitamin-E-Mangel zu einer schlechteren Ausdauer führt. Es gibt aber aus anderen Untersuchungen Hinweise darauf, dass Vitamin-E-Futterzusätze den Blutzuckerspiegel erhöhen und zu mehr Milchsäureproduktion während des Trainings führen. Sportpferde, denen Vitamin-E-Zusätze gefüttert wurden, haben längere Aufwärmzeiten, kürzere Trainingszeiten und machen insgesamt schlechtere Trainingsfortschritte als eine Vergleichsgruppe, die mit einem Placebo gefüttert wurde.

Tetanus als auch bei Influenza zu einer deutlich verbesserten Immunantwort. Auch laktierende Stuten sollten gut mit Vitamin E versorgt werden, weil dadurch der Antikörpergehalt in der Stutenmilch steigt und das Fohlen einen besseren Immunschutz hat. Es wird darüber hinaus angenommen, dass die antioxidative Wirkung von Vitamin E einen positiven Effekt auf Entzündungen hat. So wurde in einer Untersuchung gezeigt, dass bei Pferden mit chronisch-obstruktiver Bronchitis (COPD, RAS) eine Mischung aus Vitamin E, Ascorbinsäure (Vitamin C) und Selen die Trainingstoleranz verbessert und gleichzeitig die Entzündungen der Atemwege reduziert wurden. Es gibt aber auch gegenteilige Untersuchungen, die zeigen, dass Antioxidanzien dem Immunsystem die Fähigkeit nehmen, eindringende Krankheitserreger mit freien Sauerstoffradikalen zu beschießen und so ihre Zellwände zu zerstören. Das ist gerade bei resistenten bakteriellen Erregern und bei Pilzen ein großes Problem. Insofern ist der Einsatz von Vitamin E als Unterstützung des Immunsystems durchaus umstritten.

Wenn nicht genug Weideland zur Verfügung steht, kann über frisch gemähtes Grünland den Pferden ausreichend Vitamin E zur Verfügung gestellt werden.

wichtig

Es gibt Hinweise, dass mehr Vitamin E benötigt wird, wenn wenig Selen vorliegt oder wenn sehr fettreich gefüttert wird, das heißt viel Kraftfutter und wenig Raufutter, oder wenn Öle dem Futter zugesetzt werden.

Wenn man die verschiedenen Studien zu Vitamin E liest, dann kommt man auf eine typische Empfehlung von 75–100 I. E. Vitamin E/Kilogramm Körpergewicht (1 I. E. entspricht dabei 1 mg DL-Tocopherol), wobei der Bedarf junger Fohlen vermutlich etwas höher ist. Da Fohlen aber bei artgerechter Haltung auf der Weide aufwachsen, spielt Vitamin-E-Mangel meist eine untergeordnete Rolle. Frisches Grünfutter und die Keime von Getreide sind für das Pferd die stärksten Lieferanten von Vitamin E. Die Versorgung ist bei Weidehaltung oder Fütterung von Grünschnitt in der Regel ausreichend. Heu enthält ebenfalls noch Vitamin E, allerdings nimmt der Gehalt mit der Lagerung ab. Überaltertes Heu enthält praktisch kein Vitamin E mehr. Auch hier spielt die Verarbeitung

bei der Ernte und die Lagerung eine entscheidende Rolle für den Erhalt von Vitamin E. Auch im Winter nimmt das Pferd Vitamin E auf, wenn es Heu guter Qualität und Getreide als Kraftfutter bekommt. Denn im Getreidekeimling ist ebenfalls Vitamin E enthalten. Allerdings sollte Hafer dafür als ganzes Korn oder unmittelbar nach dem Quetschen gefüttert werden. Denn bei Lagerung von gequetschtem Hafer kommt es zur Zerstörung des im Keim enthaltenen Vitamin E durch die Oxidation der ungesättigten Fettsäuren.

Vitamin K (Phyllochinon)

Beim Pferd gibt es zwei natürliche Quellen für Vitamin K. Zum einen produzieren Grünpflanzen Phyllochinon, zum anderen die Bakterien der Darmflora Menachinon. Das Vitamin K2 der Darmflora reicht normalerweise aus, um den Bedarf des Pferdes zu decken. Problematisch wird die Versorgung allerdings, wenn Störungen der Darmflora vorliegen.

wichtig

Hat das Pferd gleichzeitig keinen Zugang zu Weideland oder ausreichend gutem Heu, kann es zu Vitamin-K-Mangelerscheinungen kommen, da weder über die Darmflora noch über das Grünfutter ausreichend Vitamin K aufgenommen werden kann.

Vitamin K hat wichtige Funktionen in der chemischen Modifikation von etwa einem Dutzend wichtiger Proteine, unter anderem Osteocalcin,

dem Kernprotein des Knochenstoffwechsels. Außerdem ist es unentbehrlich für die Blutgerinnung. Ein Vitamin-K-Mangel kann die Ursache für innere Blutungen sein. Das kann vor allem bei Operationen an sehr jungen Fohlen problematisch sein, die noch keine ausreichende Vitamin-K-Versorgung haben. Auch Mikroverletzungen der Darmschleimhaut werden bei Vitamin-K-Mangel schlechter geschlossen. Es kann zu Entzündungsreaktionen der Darmschleimhaut kommen und anschließend zum Leaky-Gut-Syndrom, das häufig der Beginn einer ganzen Reihe von Stoffwechselproblemen ist.

Wegen der permanenten Produktion von Vitamin K durch die Darmflora verfügt das Pferd nur über geringe Speicherkapazitäten. Grünfutter ist normalerweise die reichhaltigste zusätzliche Quelle für das Pferd, Vitamin K in Form von Phyllochinon zusätzlich aufzunehmen. Auch Heu enthält Vitamin K, allerdings nimmt auch hier die Menge mit der Länge der Lagerung ab und die Verarbeitungs- und Lagerungsbedingungen spielen eine wesentliche Rolle für den Vitamingehalt. Eine Zufütterung synthetischer Vitamin-K-Präparate ist bei einem gesunden Pferd nicht notwendig. Bei Vitamin-K-Mangel sollte eher die Darmflora und die Darmschleimhaut saniert und auf eine gute Qualität des Heus und auf Weidezugang geachtet werden.

Wasserlösliche Vitamine

Vitamine der B-Gruppe

Ohne die Vitamine der B-Gruppe laufen fast keine biochemischen Prozesse im Körper ab.

B-Vitamine stellen keine einheitliche Klasse dar. Sie sind chemisch und pharmakologisch völlig unterschiedliche Substanzen. Dennoch kommen einzelne B-Vitamine in der Natur niemals isoliert vor und wirken in der Regel im Verbund. Beim gesunden Pferd werden die B-Vitamine größtenteils von der Darmflora synthetisiert und zum Teil über das natürliche Futter wie Gras, Heu und Getreide aufgenommen. Das normal gefütterte Pferd ist vor allem mit Riboflavin (B_2), Niacin (B_3) und Pantothensäure (B_5) versorgt. Arbeitet die Darmflora, reichen dem Pferd auch die aktiven Formen der Vitamine B_6 und B_{12} aus.

Laktierende Stuten haben einen erhöhten Bedarf an B-Vitaminen. Sie sollten ausreichend gutes Weidegras zur Verfügung haben und ihre Darmflora sollte durch sorgfältige Auswahl der Futtermittel möglichst unterstützt werden. Durch die Anreicherung von Mischfuttern mit Abfall- und Nebenprodukten, beispielsweise aus der Kartoffelindustrie, sinkt die Verfügbarkeit der B-Vitamine. Daher setzen die meisten Hersteller ihren Mischfuttern entsprechende Mengen an B-Vitaminen zu. Die Bioverfügbarkeit der natürlichen B-Vitamine ist aber meist deutlich höher als die der synthetischen, die zum Teil praktisch überhaupt nicht vom Pferd verstoffwechselt werden können.

Zu den Symptomen des Vitamin-B-Mangels gehören: Leistungsschwäche, Müdigkeit, Turnierversagen, Fressunlust, schlechte Futterverträglichkeit, Allergien, schlechte Medikamentenverträglichkeit, Impfreaktionen, Hautveränderungen wie Ekzeme, Mauke oder Haarausfall, nervöse Symptome und so weiter. Alle Symptome können auch andere Ursachen

Vitamin-B-Mangel

Mangelzustände von B-Vitaminen bei artgerecht gefütterten und gehaltenen Pferden sind sehr selten. Wenn Mängel auftreten, zeigen sie meist ein ganzes Spektrum unterschiedlichster Symptome und ein unspezifisches Erscheinungsbild und werden daher häufig nicht einem Vitamin-B-Mangel zugeordnet.

haben, was ihre Zuordnung zu den Vitaminen so schwierig macht. Überhöhte Vitamin-B-Gaben werden vom Pferd normalerweise gut toleriert und führen zu keinen gesundheitlichen Risiken. Fohlen von gut mit Vitamin B versorgten Stuten haben in der Regel ein höheres Geburtsgewicht und ein besseres Immunsystem.

B_1 (Thiamin, Aneurin) wird im Blinddarm von der Darmflora produziert und zu etwa 25 Prozent vom Pferd aufgenommen. Es übernimmt beim Pferd eine zentrale Aufgabe im Kohlenhydratstoffwechsel und ist daher wichtig für die Energieproduktion. Fehlt B_1, steigen die Werte von Brenztraubensäure und Đ-Ketoglutarsäure im Blutbild an. Im Training stehende Pferde verbrauchen B_1 sehr rasch, daher ist ihr Bedarf höher als der Erhaltungsbedarf. Hier steigt der Wert an Laktat- und Brenztraubensäure im Blut nach Bewegung stärker an, je weniger B_1 zur Verfügung steht. Beim Bedarf geht man von

etwa 3–5 mg/kg Futtertrockensubstanz aus. Dieser ist allerdings aufgrund der Syntheseleistung der Darmflora nur schwer zu bestimmen. Die Zufütterung von Vitamin B_1 ist nur notwendig, wenn die Darmflora gestört ist sowie bei Fütterung von Heu, das Adlerfarn oder Sumpfschachtelhalm enthält. Wird der Darm saniert, verschwindet auch der Vitamin-B_1-Mangel innerhalb kurzer Zeit.

B_2 (Riboflavin) wirkt in der Gewinnung von Energie mit. Der Bedarf wird auf etwa 2 mg/kg Futtertrockensubstanz geschätzt, genaue Zahlen liegen hier nicht vor. Mangel konnte bisher beim Pferd nur experimentell erzeugt werden und führte zu Augenkrankheiten. Die periodische Augenentzündung ist aber nicht auf einen Mangel an B_2 zurückzuführen.

B_3 (Niacin, Nikotinsäure) findet sich in allen lebenden Zellen und wird in der Leber gespeichert. Es bildet einen wichtigen Baustein verschiedener Koenzyme und ist damit ein zentraler Bestandteil vieler Stoffwechselreaktionen sowie bei der Absorption von Proteinen, Fetten und Kohlenhydraten im Darm. B_3 spielt außerdem wie B_2 eine Rolle bei der Energiegewinnung. Es hat dazu noch eine antioxidative Wirkung. Bei Bedarf kann das Pferd B_3 auch aus der Aminosäure Tryptophan bilden.

B_5 (Pantothensäure) ist nötig, um Koenzym A zu bilden. Dieses spielt eine zentrale Rolle beim Auf- und Abbau von Kohlenhydraten, Fetten und Aminosäuren sowie bei der Synthese von Cholesterin und Steroidhormonen. Bei Mangel fehlen meist andere Vitamine der B-Gruppe. Daher können die Symptome nur schwer von anderen abgegrenzt werden. Man kann aber aufgrund seiner Funktion davon aus-

gehen, dass ein Mangel zu Leistungsschwäche und einem schwachen Immunsystem führt.

B_6 (Pyridoxin) in seiner aktiven, meist phosphorylierten Form wirkt als Koenzym in etwa 100 enzymatischen Reaktionen mit. Die meisten davon gehören zum Aminosäurestoffwechsel. Wichtig zu erwähnen ist das Pyridoxalphosphat (PLP), das als Kofaktor bei der Synthese von Delta-Aminolävulinsäure beteiligt ist. Es ist ein wichtiges Zwischenprodukt in der Hämoglobinsynthese. Ein Mangel kann sich daher als Anämie im Blutbild zeigen. PLP ist außerdem beteiligt an der Synthese von Glykogen und damit dem Energiestoffwechsel. B_6 in der Form von Pyridoxal-5-Phosphat (P_5P) ist beteiligt an der Entgiftungskaskade in der Phase 2 in der Leber. Bei Mangel kommt es zu einer übermäßigen Koppelung von Zink, Selen oder Mangan an die Zwischenprodukte der Entgiftung und damit zu einem Selen-, Mangan- oder Zinkmangel. Man spricht in allen diesen Fällen von Kryptopyrrolurie (KPU). Da der Stoffwechsel des Pferdes nicht in der Lage ist, Pyridoxin selbst in ausreichendem Maß zu aktivieren, ist die Zufütterung von B_6 in Misch- oder Mineralfuttern weitgehend sinnlos. Die Darmflora stellt vielmehr B_6 in aktiven Formen bereit, die direkt in den Stoffwechsel eingeschleust werden können. Daher kann diese Stoffwechselstörung relativ einfach durch die Optimierung der Fütterung und die Sanierung der Darmflora behoben werden.

B_{12} (Cyanocobalamin) ist ein Vitamin, das Kobalt als Kofaktor benötigt, nicht in Pflanzen vorkommt und nicht vom Körper selbst gebildet werden kann, sondern nur von der Darmflora. Damit es zur Verfügung steht, muss die Darmflora funktionieren und es muss ausreichend Ko-

balt im Grundfutter vorhanden sein. B_{12} ist beteiligt am Aufbau roter Blutkörperchen und damit notwendig für die Leistungsfähigkeit des Pferdes. Ein Mangel zeigt sich oft im Blutbild in Form einer Anämie. Als Methylcobalamin ist B_{12} auch beteiligt am Aufbau der Nervenschutzhüllen. Ein Mangel entsteht nur, wenn die Darmflora des Pferdes gestört ist oder ein Kobaltmangel im Grundfutter vorliegt. Einige Fälle von Shivering werden auf den Mangel an B_{12} zurückgeführt, ebenso wie einige Hautveränderungen und Leistungsmangel aufgrund Anämie. Die Kolostralmilch ist sehr reich an B_{12}, was den Fohlen eine gute Basis für die Blutbildung und die Ausbildung des Nervensystems gibt.

Biotin wird ebenfalls im Darm von der Darmflora hergestellt. Außerdem ist es in vielen Futtermitteln enthalten, allerdings in unterschiedlich gut bioverfügbaren Formen. Biotin, das in Weizen, Gerste, Hirse oder Reiskleie in großen Mengen enthalten ist, kann das Pferd nicht verwerten. Die Hauptlieferanten für Biotin sind Gras und Klee. Sie enthalten einen großen Anteil an bioverfügbarem Biotin. Mangelerscheinungen können daher bei artgerecht gefütterten Pferden nicht auftreten.

Folsäure ist ein wichtiges Vitamin für die Leistungsfähigkeit. Ein Mangel geht meist einher mit Anämie, da Folsäure für die Bildung von roten Blutkörperchen benötigt wird. Folsäuremangel konnte bisher nur erzeugt werden bei Hochleistungs-Sportpferden ohne Weidezugang und mit kraftfutterbetonter Fütterung. Weidegras enthält reichlich Folsäure und sorgt in der Regel für eine gut funktionierende Darmflora, sodass es unter normalen Umständen nicht zum Folsäuremangel kommt.

Biotin

Die Zufütterung von Biotin ist sehr umstritten. In Untersuchungen konnte gezeigt werden, dass nur langfristig hohe Dosierungen von 3 mg/100 kg Körpermasse pro Tag bei gleichzeitiger Gabe von schwefelhaltigen Aminosäuren wie Methionin und Cystein bei Pferden günstig wirken, die besonders weiches Hufhorn, Neigung zu Hornspalten oder schlechtes Hufhornwachstum haben. Diese Biotinmenge liegt allerdings weit über der täglich empfohlenen. Die Fütterung von Biotin allein, ohne die schwefelhaltigen Aminosäuren, führte zu keiner Verbesserung des Hufhorns – ebenso wenig die Fütterung von synthetischem Biotin, das für Pferde nicht bioverfügbar ist. Eine vernünftige Hufbearbeitung – für eine optimale Hufmechanik – kombiniert mit einer veränderten Grundfütterung und Darmsanierung ist sinnvoller, um gutes Hufhorn zu erreichen. Wenn die Hornqualität mit einem Schwefelmangel einhergeht, kann die Zufütterung von Zink zusammen mit Lysin und Methionin oder Methylsulfonylmethan (MSM) eine zusätzliche Verbesserung bringen.

Vitamin C (Ascorbinsäure)

Vitamin C wird beim Pferd – im Gegensatz zum Menschen – im Gewebe aus Glukose hergestellt und hat damit keinen Vitamincharakter. Fohlen werden über die Muttermilch ausreichend mit Vitamin C versorgt. Die Aufnahme von zugefüttertem synthetischem oder natürlichem Vitamin C ist kaum möglich. Die Einfachdosis zugefüttertes Vitamin C in Höhe von 20 Gramm hat keinerlei Effekt auf das Pferd. Langzeitfütterung von bis zu 20 Gramm täglich führt zu einem leichten Anstieg an Vitamin C im Körper. Lediglich intravenöse Injektion von Ascorbinsäure im Bereich von zehn Gramm konnte den Blutgehalt an Vitamin C im Pferd deutlich erhöhen. Auch starke körperliche Beanspruchung bei gleichzeitig Vitamin-C-freier Ration führte nicht zu einem Absinken des Vitamin-C-Spiegels im Blut oder Harn.

Die Gabe von großen Dosen Vitamin C über längere Zeit kann bei alten Pferden und bei großem Stress in Form von Infektionen der Atemwege, hohen Temperaturen oder Leistungsschwäche ohne andere Ursache positiv wirken. Beim gesunden Pferd haben hohe Dosen Vitamin C allerdings keinerlei positive Effekte. Injektionen von hoch dosiertem Vitamin C werden zum Teil eingesetzt bei Krebserkrankungen – mit gemischtem Erfolg. Der saure Charakter der Lösung führt meist zu lokalen Entzündungen des Venen- und Muskelgewebes. Benötigt wird Vitamin C für das Immunsystem und für die Gesundheit und Integrität der Zellen.

Mineralien und Spurenelemente

Wie die Vitamine, braucht das Pferd auch Mineralien und Spurenelemente für die Gesundheit. Während Mineralien in größeren Mengen benötigt werden, nimmt der Körper Spurenelemente nur in kleinen Mengen auf. Daneben gibt es sogenannte Mikroelemente, auch seltene Erden genannt. Diese werden in winzigen Mengen benötigt und sind normalerweise ausreichend vorhanden, sodass sie nicht zugefüttert werden müssen. Zeigen die Pferde aber Verhalten wie

Pferde fressen bei Mineral- oder Spurenelementemangel oft Erde oder Waldboden, um ihren Bedarf zu decken.

Mineralanalysen über Haare

Der Mineralstatus im Blutbild sagt wenig über den Gehalt an Mineral in den Geweben aus. Daher sucht man nach Alternativen, um Mineralmängel bei Pferden rechtzeitig zu erkennen. Mittlerweile werden immer häufiger Mineralanalysen über Haare als Alternative zum Blutbild angeboten. Der Mineralgehalt des Pferdehaars liegt bei 5–35 Prozent. Zugefütterte Mineralien kann man tatsächlich einige Stunden nach der Aufnahme im Haar nachweisen. Das Problem bei der Haaranalyse ist, dass der Gehalt an Mineralien und Spurenelementen unabhängig vom Versorgungsstatus sehr variiert. Er schwankt nicht nur mit den aufgenommenen beziehungsweise im Körper verfügbaren Mengen, sondern verändert sich auch mit der Jahreszeit, der Rasse, dem Alter des Haars, der Haarfarbe und der allgemeinen Konstitution. Auch wo das Haar und wie kurz vor der Haut es abgeschnitten wurde, beeinflusst den messbaren Gehalt. Daher sind Mineralanalysen von Haarproben nur sehr bedingt aussagekräftig. Beispiel Mangan: Sein Gehalt ist im Fell geringer als im Mähnen- oder Schweifhaar, in pigmentiertem Haar höher als in weißem Haar. Stuten zeigen höhere Werte als Hengste oder Wallache. In absterbendem Haar kurz vor dem Fellwechsel erhöht sich die Konzentration aller messbaren Spurenelemente. Deshalb kann grundsätzlich im Fellwechsel keine zuverlässige Messung gemacht werden. Manche Metalle wie Blei findet man erst bei toxischer Dosierung im Haar. Einzig die Nickelaufnahme scheint relativ direkt korreliert zu sein mit dem Nickelgehalt im Haar.

Sand- oder Erdefressen, Abschlecken von Gitterstangen oder Kotfressen, kann dies durchaus auf einen Mangel an solchen Mikroelementen hinweisen. Bei den Angaben zum täglichen Bedarf sollte man nicht vergessen, dass schon die Grundfuttermittel einiges an Mineralien und Spurenelementen enthalten.

Mineralien

Calcium (Ca) und Phosphor (P)

Da Calcium und Phosphor im Stoffwechsel des Pferdes eng miteinander gekoppelt sind, muss man sie zusammen betrachten. Ein Pferd mittlerer Größe hat im Körper neben

anderen Mineralien etwa sieben Kilogramm Calcium, das zu 99 Prozent im Knochen gebunden ist, und vier Kilogramm Phosphor, davon etwa 80 Prozent im Knochen. Der Knochen ist der wichtigste Calcium- und Phosphorspeicher, um Schwankungen in der Fütterung auszugleichen. Normalerweise kommt dem Calcium im Knochen eine Stützfunktion zu, in Form von Calciumkarbonat und Calciumphosphat bildet es den „Kalkanteil" des Knochens. Man findet im Knochen ein Ca:P-Verhältnis von 2 : 1. Im Restkörper beträgt dieses Verhältnis eher 1,7 : 1. Hinzu kommt, dass sich der Calciumgehalt im Knochen bis zu 20 Prozent erhöht, wenn das Pferd regelmäßig über 16 Kilometer am Tag bewegt wird. In diesem Fall wird mehr Calcium eingelagert, um den Knochen zusätzlich zu stabilisieren. Die Regulation des Ca:P-Verhältnisses im Körper findet über Vitamin D, Parathyroidhormon und Calcitonin statt.

Neben seinen Aufgaben im Knochen ist Calcium im Körper beteiligt an der Blutgerinnung, der Reizübertragung auf Muskeln sowie dem Energiestoffwechsel der Muskulatur. Phosphor wird vom Körper benötigt für die Verstoffwechselung von Kohlenhydraten und Fetten und, ganz wichtig, zur Bildung von ATP, der „Energiewährung" des Körpers.

Wenn sie mehrere Futter zur Auswahl haben, wählen Pferde in der Regel Futtersorten mit hohem Phosphor-, aber geringem Calciumanteil. Dazu gehören alle Getreide und beispielsweise auch Weizenkleie. Unter natürlichen Umständen kommt dies aber nicht vor, da Weidegras und Heu sehr reich an Calcium, aber phosphatarm sind. Der Stoffwechsel des Pferdes ist so auf einen Überschuss an Calcium angepasst und kann mit diesem auch gut umgehen.

Füttert man häufig Mash oder Weizenkleie oder viel Kraftfutter bei wenig Raufutter, kann das Verhältnis von Calcium und Phosphor aus dem Gleichgewicht kommen.

Das äußert sich häufig in mangelnder Knochendichte und das Pferd neigt zu Frakturen, Überbeinen, Strahlbein- oder Gleichbeinlahmheiten. Auch Sehnen- oder Bandabrisse am Knochen können in einigen Fällen auf eine schlechte Knochenmineralisierung zurückgeführt werden, ebenso wie Zahnprobleme durch mangelnden Halt im Zahnfach.

Auch hoher Calciumüberschuss, zum Beispiel durch Zufütterung von Futterkalk bei ohnehin schon stark kalkhaltigem Grundfutter, kann Knochen brüchig machen. Der Überschuss muss dann über sehr lange Zeit vorliegen – bei mehr als 27 Gramm pro Tag – und kombiniert sein mit sehr geringem Phosphoranteil in der Fütterung. Dies kommt bei normalen Fütterungsumständen nicht vor. Aufzuchtpferde werden allerdings häufig mit sehr hohen Dosen Calcium und Phosphor gefüttert. Dadurch werden diese Mineralien in zu großen Mengen aufgenommen, was zu einem beschleunigten, von vielen Züchtern erwünschten, Wachstum führt. Die Pferde sehen zwar schon mit zwei Jahren oft sehr groß und reif aus, ihre schnell gewachsenen Knochen haben jedoch mangelnde Stabilität. Das kann später zur Entstehung von Gelenkchips durch kleine Knochen- oder Knorpelabsprengungen des zu spröden Gewebes führen.

Die Ausscheidung von Calcium mit dem Kot ist zu vernachlässigen. Der größte Teil des Calciums, das das Pferd über das Futter aufnimmt, muss daher den Stoffwechsel passieren und über die Nieren und den Harn ausgeschieden werden. Calcium und Phosphor werden im Darm in unterschiedlichen Abschnitten aufgenommen – zuerst Calcium und später Phosphor. Sehr hohe Zugaben von Calcium zum Futter führen zu einer erhöhten Ausscheidung von Phosphaten im Kot. Außerdem beeinflusst Calcium die Aufnahme anderer Mineralien und Spurenelemente. So führt zum Beispiel im Übermaß vorliegendes Calcium dazu, dass deutlich weniger Magnesium, Mangan und Eisen aufgenommen werden. Diese Mineralien konkurrieren um dieselben Eintrittsstellen in der Darmwand und bilden mit Calcium zudem unlösliche Salze, die im Darm ausfallen und ausgeschieden werden. Untersuchungen haben gezeigt, dass 50–80 Prozent Calcium und 45–60 Prozent Magnesium im Dünndarm absorbiert werden, während beide Mineralien im Dickdarm in geringem Maß dem Nahrungsbrei zugesetzt werden. Eine Überversorgung mit Calcium wird bis zum Zwei- bis Dreifachen toleriert, wenn andere Elemente in ausreichender Menge vorhanden sind.

Die Bioverfügbarkeit des aufgenommenen Calciums hängt darüber hinaus von der Art des Futters ab. Füttert man dem Pferd Calcium in Form von Futterkalk, ist die Aufnahmefähigkeit nur bei 50 Prozent. Entsprechend müssen also

Calciumaufnahme beim Pferd

Die Calciumversorgung durch die normale Futterration ist beim ausgewachsenen Pferd in der Regel ausreichend, außer bei Futtergewinnung von Sand- oder Moorböden. Man kann davon ausgehen, dass ein ausgewachsenes Pferd etwa 2,5 g Ca/100 kg Körpergewicht braucht, um seinen täglichen natürlichen Verlust auszugleichen. Die Aufnahmefähigkeit für Calcium nimmt allerdings mit dem Alter des Pferdes ab. Sie ist am höchsten bei jungen Fohlen, während sehr alte Pferde oft massive Probleme mit der ausreichenden Calciumaufnahme haben.

5 g/100 kg Körpergewicht täglich gefüttert werden, um eine ausreichende Substitution zu erreichen. Die Verfügbarkeit von Calcium in verschiedenen Futterarten liegt bei 45–70 Prozent, außer in Futtern, in denen größere Mengen Oxalate oder Phytate vorhanden sind. Diese bilden mit Calcium schwer lösliche Salze und machen damit das Calcium unzugänglich für den Pferdestoffwechsel. Zu diesen Futtermitteln gehören Luzerne und Weizenkleie. Die Menge an Phosphor im Futter beeinflusst ebenfalls die Calciumaufnahme: So konnte durch Erhöhung des zugefütterten Phosphors von 2 auf 12 g/kg die Calciumaufnahme um 50 Prozent reduziert

werden. Ähnliches passiert auch bei kraftfutterbetonter Fütterung oder täglicher Mash-Gabe. Die Verfügbarkeit von Phosphor ist ebenfalls nicht in allen Futtermitteln gleich. So sind Phosphatsalze, wie sie in Getreide vorliegen, häufig nur zu 35 Prozent für das Pferd verwertbar. Diese Salze machen 50–75 Prozent des Gesamtphosphats in den meisten Getreidesorten aus. Man kann daher nicht nach dem Gesamt-P oder dem Gesamt-Ca der Futterarten gehen, um den verfügbaren Anteil in einer Futterration zu berechnen.

Magnesium (Mg)

Magnesium wird vor allem benötigt bei der Muskelkontraktion und der Nervenweiterleitung. Zudem wirkt es als Kofaktor bei einer ganzen Reihe enzymatischer Reaktionen mit und ist von Bedeutung für den Knochenaufbau. So findet man in der Regel 8 g Mg/kg im Knochen. Der Knochen ist ein großer Magnesiumspeicher für den Körper. Magnesium ist außerdem eines der wichtigsten Mineralien für die Bluthomöostase. In der Verdauung wird es überwiegend im Dünndarm, in geringen Mengen aber auch im Dickdarm aufgenommen. Täglich verliert das Pferd 4,6 mg Mg/kg Körpergewicht durch Kot und Urin. Auch im Schweiß ist Magnesium enthalten, daher steigt der Verbrauch an bei Pferden, die zum Beispiel im Training im Sommer viel schwitzen. Um den normalen Verlust auszugleichen, benötigt das Pferd etwa 13–18 mg Mg/kg Körpergewicht täglich zugefüttert, das heißt etwa 2 g/kg Futter.

Die schwankende Magnesiumversorgung wird über die Regulierung der Darmabsorption und die Ausscheidung über die Nieren ausgeglichen – ebenso wie Calcium muss überschüssiges Magnesium über die Nieren ausgeschieden werden. Aldosteron, Thyroid- und Parathyroid-Hormon beeinflussen das Magnesiumgleichgewicht im Körper. Parathyroidhormon führt zu einer erhöhten Aufnahme aus dem Darm, Aldosteron erhöht die Ausscheidung über die Nieren.

wichtig

Über eine normale Fütterung wird das Pferd ausreichend mit Magnesium versorgt – vor allem wenn artenreicher Grünschnitt und gutes Heu gefüttert werden, aber auch Getreide.

Mangelzustände äußern sich in erhöhter Erregbarkeit, Muskelkrämpfen, Muskelzittern sowie Schreckhaftigkeit und erhöhter Stressanfälligkeit. Langfristig kommt es zu einem Abbau von Herz- und Skelettmuskeln sowie zu Verkalkung der Arterien, da Calcium und Phosphate bei Magnesiummangel hier abgelagert werden. Verdauungsprobleme mit wiederkehrenden Koliken, Neigung zu angelaufenen Beinen insbesondere nach Überanstrengung und im Fellwechsel gehören ebenfalls zu den möglichen Magnesiummangelsymptomen. In manchen Fällen kann es auch zu erschwerter Atmung mit Dämpfigkeitssymptomen kommen. Eine Überversorgung bis zum Drei- bis Vierfachen des täglichen Bedarfs ist unproblematisch. Diese führt nur in Verbindung mit erhöhten Phosphorgaben zu einem gesteigerten Risiko von Darm- oder Harnsteinen.

Magnesium aus pflanzlichem Futter ist in der Regel zu 45–60 Prozent bioverfügbar. Magnesium aus heißluftgetrockneter Luzerne ist besser verfügbar. Allerdings geht Luzernefütterung häufig mit einer verschlechterten Calciumversorgung einher. Anorganische Quellen für Magnesium, wie Magnesium-Oxid (calciniertes Magnesit), Magnesium-Sulfat und Magnesium-Karbonat sind bis zu 70 Prozent bioverfügbar, aber die Oxide von verschiedenen Herstellern unterscheiden sich deutlich in ihrer Verfügbarkeit.

Mash und andere magnesiumhaltige Futter sollten immer erst nach der Arbeit gegeben werden, da Magnesium eine gewisse Müdigkeit verursacht.

Starkes Schwitzen geht mit einem Verlust an Mineralien einher und muss durch die Gabe von Elektrolyten ausgeglichen werden.

Natrium (Na) und Chlor (Cl)

Natrium zusammen mit seinem Partner Chlor tragen wesentlich dazu bei, die osmotische Balance im Gewebe aufrechtzuerhalten. Natrium wird zu 95 Prozent im Dickdarm aus dem Nahrungsbrei aufgenommen und der Überschuss über die Niere ausgeschieden. Bei Natriummangel werden dem Nahrungsbrei bis zu 99 Prozent des Natriums entzogen und die Ausscheidung über die Niere unterdrückt. Das Natriumgleichgewicht wird über das Renin-Angiotensin-Aldosteron-Hormonsystem geregelt. Natrium- und auch Chloridmangel entstehen in der Regel durch Schwitzen, durch massiven Verlust bei Durchfällen oder bei Nierenstörungen mit erheblicher Urinproduktion. Das Pferd kann über das Schwitzen circa 60 Gramm Cl pro Tag verlieren.

Natrium ist wichtig für die Produktion von Gallenflüssigkeit. Zusammen mit Chlor ist es involviert in die Muskelkontraktion und verantwortlich für den osmotischen Druck der Zellen. Außerdem spielen Natrium und Chlor eine bedeutende Rolle in der Regulation des Säure-Basen- und des Wasserhaushalts. Chlor ist zudem notwendig für die Bildung von Salzsäure im Magen.

Bedeutung von Salzlecksteinen

Natriummangel kann sehr schnell zu Koliken oder Nierenversagen führen. Daher sollte Pferden stets ein Salzleckstein zur Verfügung stehen, damit sie ihren Bedarf decken können. Salzlecksteine – egal ob Natursteine aus Himalajasalz oder Industriesalzsteine – bestehen überwiegend aus Natriumchlorid und sind nicht zu verwechseln mit Mineralleckssteinen. Nutzen die Pferde den Salzleckstein sehr ausgiebig, besteht entweder ein starkes Ungleichgewicht im Mineralhaushalt oder sie langweilen sich, beispielsweise bei reiner Boxenhaltung. In diesen Fällen kann es durch übermäßige Natriumchloridaufnahme zu Durchfällen kommen.

Mangelerscheinungen können sich äußern durch Schlecken an allem, was erreichbar ist: Menschen, Gitterstangen, Anbindebalken, Erde und so weiter. Weitere Anzeichen können sein: Appetitlosigkeit, Gewichtsverlust, trockene Haut, Bluteindickung, Leistungsschwäche, trockener Kot bis hin zu Verstopfungskoliken. Eine Überversorgung führt zu erhöhter Wasseraufnahme, verstärktem Harnfluss, Durchfall und in extremen Fällen, wenn kein Wasser zur Verfügung steht, zu nervösen Störungen.

Die Aufnahme von genügend Salz sollte vor allem im Sommer durch Salzlecksteine gesichert werden. Gras, Heu und Getreide spielen bei der Natriumversorgung eine untergeordnete Rolle. Das Pferd benötigt normalerweise circa 2–4 g Na/kg Körpergewicht zum Erhaltungsbedarf. Bei starkem Verlust kann der Bedarf aber auch auf 5–10 g Na/kg Körpergewicht steigen. Gute Natriumchloridversorgung kurz vor der Geburt beugt Darmpechverhalten vor.

Nach Verstopfungskoliken werden Pferde meist mit Mash, dem ein Esslöffel Kochsalz, also Natriumchlorid, zugesetzt ist, angefüttert. Diese hohe Salzmenge zieht Wasser aus dem Darmepithel in das Darmlumen, um eine weitere Verstopfungskolik durch zu trockenen Verdauungsbrei zu vermeiden.

Kalium (K)

Kalium wird zu 52–75 Prozent im Dünndarm absorbiert. Verluste finden vor allem über Schweiß und bei Durchfällen statt. Es wird benötigt für die Homöostase der Zellflüssigkeit und für die Muskelfunktion. Auch an einer Reihe von Enzymreaktionen und bei der Verdauung von Kohlenhydraten ist Kalium beteiligt. Außerdem ist es, als Gegenspieler bei der Natrium-Kalium-Pumpe, zentrales Mineral im Nervenstoffwechsel. Die Gesamtkaliummenge im Körper eines ausgewachsenen Pferdes liegt bei circa 1 000 Gramm. 90 Prozent befinden sich in der Lymphflüssigkeit zwischen den Zellen, besonders im Muskelgewebe. Ein Mangel zeigt sich an geringer Fresslust, Muskelschwäche und beim Fohlen auch an Wachstumsstörungen. Die Aufnahme von 46 mg K/kg Körpergewicht – wenn das Tier nicht oder nur leicht gearbeitet wird – ist ausreichend, um das Pferd in der Balance zu halten. Der Bedarf kann aber beim Fohlen im Wachstum auf 150–200 mg/kg Körpergewicht ansteigen. Daher sind Fohlen besonders anfällig für Kaliummangel, wenn sie längere Zeit Durchfall haben. Der Mangel beruht fast immer auf einer zu hohen Ausscheidung über Kot oder Urin. Gibt man dem Pferd Natriumbikarbonat über einen langen Zeitraum, zum Beispiel beim Versuch von Ent-

säuerungskuren, kann das ebenfalls zu einem Kaliummangel führen. Füttert man in solchen Fällen Kalium zu, verschwinden die Symptome oft nach kurzer Zeit. Kaliummangel kann beim Pferd zu einer Azidose führen, da die Blut- und Gewebehomöostase nicht mehr aufrechterhalten werden kann. Auch Herzrhythmusstörungen können bei Mangel auftreten.

Getreide ist relativ arm an Kalium. Dagegen enthält Heu etwa 15–25 g K/kg. Eine ausreichende Kaliumversorgung kann durch viel Heu guter Qualität oder Weidezugang gewährleistet werden. Zu hohe Kaliumgaben in der Fütterung stören die Magnesiumaufnahme.

Spurenelemente

Eisen (Fe)

Die meisten natürlichen Futter sind sehr reich an Eisen, auch wenn die Bioverfügbarkeit nicht immer optimal ist. Daher kommt Eisenmangel in der Regel nur als Folge von massivem Parasitenbefall oder im Zug einer Kryptopyrrolurie (KPU) mit gestörtem Hämstoffwechsel vor. Es ist für die Bildung der roten Blut- und Muskelfarbstoffe, Hämoglobin und Myoglobin, wichtig. Beide spielen für den Sauerstofftransport sowie die Sauerstoffübertragung eine große Rolle. Hämoglobin enthält etwa 67 Prozent des im Pferd vorliegenden Eisens und ist damit der größte Eisenspeicher. Die Organe mit dem höchsten Eisenanteil sind demnach Leber und Milz. Sie dienen dem Körper als Blutspeicher und sind für den Abbau des Hämoglobins zuständig: Die Milz filtert die defekten Erythrozyten heraus, die Leber baut das Hämoglobin ab.

HYPP

Die Stoffwechselerkrankung Hyperkalaemic Periodic Paralysis (HYPP oder HPP), die bei Quarter Horses der Impressive-Linien vorkommt, ist auf einen gestörten Kaliumstoffwechsel zurückzuführen. Dann liegt kein durch Fütterung bedingter Kaliummangel vor, sondern ein genetischer Defekt im Kaliummetabolismus. Die Krankheit ist durch Muskelspasmen, vor allem der Kaumuskulatur, gekennzeichnet. Für diese Krankheit gibt es keine Behandlung.

Die Leber speichert Eisen für den Aufbau von neuem Hämoglobin. Da sie kaum Möglichkeiten hat, überschüssiges Eisen effektiv zu entsorgen, kann eine Überversorgung mit Eisen zu Leberschäden führen. Die Toxizität von Eisen ist aber von vielen Faktoren abhängig, unter anderem von Vitamin E und von Selen.

Fehlt Eisen, geht die Zahl der roten Blutkörperchen zurück, es kommt zu Anämie, Leistungsschwäche, Infektionsanfälligkeit und angestrengter Atmung. Nicht jede Anämie beruht aber auf Eisenmangel. Eisenmangel tritt oft bei stark verwurmten Pferden auf sowie bei zu früh geborenen Fohlen. Denn etwa 50 Prozent des gesamten Eisens werden erst im letzten Trächtigkeitsmonat aufgenommen. Vor allem in dieser Zeit können auch Zuchtstuten Eisenmangel entwickeln. Insbesondere bei Rennpferden sowie bei Saug- und Absatzfohlen, die alle einen erhöhten Eisenbedarf haben und oft keinen ausreichenden Gehalt im Futter, muss auf eine ausreichende Versorgung mit Eisen geachtet werden. Man geht davon aus, dass circa 40 mg Fe/kg Trockenmasse Futter ausreichen, um ein Pferd mit Eisen zu versorgen. Dieser Wert wird normalerweise problemlos durch gutes Heu und Weidegras – oft mit Werten von 400–500 mg Fe/kg Trockenmasse – erreicht. Zu hohe Eisengehalte in der Futterration durch synthetische Eisensupplemente können die Verwertung von Phosphor, Kupfer, Mangan und Zink beeinträchtigen.

Zu viel Eisen schadet oft mehr, als es nützt! Eine Eisenüberversorgung kann zu Leberversagen, Gelbfärbung von Schleimhäuten und Augäpfeln und Zerstörung der Thrombozyten führen. Im Blutbild steigen die Werte von GGT und ALP an.

Jod (J)

Jod kommt auf der Erde relativ selten vor. In Pflanzen ist Jod nur in Spuren vorhanden – scheinbar brauchen sie es nicht. Das Pferd benötigt Jod, um in der Schilddrüse Thyroxin zu bilden, das die Stoffwechselrate, den Sauerstoffverbrauch, die Verwertung der Glukose und die Proteinsynthese beeinflusst. Mangelerscheinungen können ausgelöst werden durch Jodmangel im Futter, wie er in allen meeresfernen Landschaften vorkommt, und durch Nitrat. Nitrat nimmt das Pferd in größeren Mengen zum Beispiel über das Trinkwasser und über Karotten auf. Der Mangel fällt zunächst durch Kropfbildung, eine Schwellung im Bereich des Kehlkopfes, auf. Später folgen Appetitlosigkeit, Leistungsschwäche und oft Fellprobleme. Bei tragenden Stuten kann der Mangel zu verlängerter Tragezeit, zur Geburt von sehr schwachen Fohlen oder zu Totgeburten führen. Das Pferd hat allerdings einen sehr niedrigen täglichen Bedarf an Jod von etwa 0,2 mg J/kg Trockenmasse. Der Bedarf kann um das Zwei- bis Dreifache ansteigen, wenn das Pferd Weißklee erhält oder erhöhte Nitratwerte hat.

Von unkontrollierter überhöhter Jodzufuhr, die große Schäden verursachen kann, ist abzu-

Pferde decken ihren Bedarf an Spurenelementen über das gezielte Fressen von mineralreichen Pflanzen.

raten. Man geht davon aus, dass ein Pferd maximal etwa 20 mg J/Tag zu sich nehmen sollte. Höhere Gaben führen zu ähnlichen Symptomen wie Jodmangel. Liegt ein Jodmangel vor, was selten in Küstennähe, aber häufig im Alpenraum vorkommt, kann man Seealgen füttern, die einen relativ hohen Jodgehalt haben.

Kobalt (Co)

Kobalt hat als Zentralatom im Vitamin B_{12} eine physiologische Bedeutung und ist an der Aktivierung von unterschiedlichen Enzymen beteiligt. Außerdem wirkt Kobalt fördernd auf die Eisenaufnahme aus dem Nahrungsbrei. Ein Mangel an Kobalt zeigt sich vor allem mit den Symptomen des Vitamin-B_{12}-Mangels: Es kommt zu Blutarmut, Hautveränderungen und Wachstumsstillstand. Das Pferd hat aber einen extrem niedrigen täglichen Verbrauch. Man geht von einem Bedarf von 0,1 mg Co/kg Trockensubstanz aus. Da das natürliche Futter des Pferdes Kobalt in ausreichenden Mengen enthält, sind Mangelerscheinungen sehr selten. Sie können lediglich auf sehr armen Sand- oder Moorböden vorkommen.

Kupfer (Cu) und Molybdän (Mo)

Beide Spurenelemente hängen direkt zusammen: Ist Molybdän im Boden vorhanden, führt das zu einem sehr geringen Kupfergehalt in

Kupfermangel führt zu auffälligen Pigmentverlusten, vor allem rund um Auge und Maul, der typischen „Kupferbrille".

den darauf wachsenden Pflanzen. Aber auch ohne hohe Molybdänkonzentrationen kann Kupfermangel im Boden zu Mangel beim Pferd führen. Dieser Zusammenhang zeigt, dass das Pferd den größten Teil seines Kupferbedarfs aus Heu und Weideland decken kann. Kupfer wird vom Körper für die Nerven-, Blut-, Pigment- und Bindegewebsbildung benötigt – und somit für die Knochen- und Knorpelentwicklung. Es spielt außerdem eine Rolle für die Bildung von Elastin, für die Haarpigmente und für den Eisenverbrauch: Es mobilisiert Eisen, damit der Körper Hämoglobin aufbauen kann.

Mangelhafte Kupferversorgung kann bei Aufzuchtpferden Anämie sowie Gelenkchips verursachen. Bei älteren Pferden können Blutgefäße abreißen und eine sogenannte Kupferbrille entstehen, das bedeutet einen Pigmentverlust in der Haut und in den Haaren, besonders im Bereich Augen und Maul. Kupfermangel tritt beim Pferd relativ häufig auf, vor allem bei bestimmten Araberzuchtlinien sowie bei Zuchtstuten und Saugfohlen. Das Fohlen füllt in den letzten beiden Trächtigkeitsmonaten seine Kupferspeicher auf Kosten der Mutterstute auf, die in dieser Zeit gut mit Kupfer versorgt werden sollte. Gegen eine kurzzeitige Überversorgung mit Kupfer sind Pferde hingegen relativ unempfindlich, solange der Stoffwechsel insgesamt ausgeglichen ist. Dies ist einer der Gründe, warum viele Mischfutter sehr hohe Mengen Kupfer enthalten. Das überschüssige Kupfer wird in der Leber gelagert. Bei höherem Kupferbedarf des Körpers, zum Beispiel bei Entzündungen, Infektionen, Wurmbefall oder Impfungen, wird das Kupfer wieder abgegeben. In Weidegras und gutem Heu findet man in der Regel 4,4–8,6 mg Cu/kg Trockenmasse. Die Versorgung ist damit also ausreichend gewährleistet. Pferde sollten dauerhaft nicht mehr als 50 mg Cu/kg Trockensubstanz bekommen. Sonst wird die Leber geschädigt.

Mangan (Mn)

Mangan ist als Kofaktor für Enzyme an zahlreichen Prozessen im Körper beteiligt, vor allem im Energie-, Mineral- und Fettstoffwechsel, und ist wichtig für die Funktion der Eierstöcke. Es ist eines der zentralen Spurenelemente für die Beruhigung und den Abbau von Stress sowie für die Verwertung von Calcium und Phosphor, damit für den Knochenstoffwechsel. Im Knorpel wird es für den Aufbau von Glycosaminglycan-Chondroitin-Sulfat gebraucht, das essenziell für den Knorpelstoffwechsel ist. Manganmangel führt damit direkt zu Mangelerscheinungen am Knorpel und als sichtbares Symptom zu Lahmheiten. Bei Stuten kann Manganmangel zu unregelmäßigem Zyklus führen, bei Fohlen zu kurzen oder missgebildeten Gliedmaßen sowie zum Stelzfuß. Akute Mangelzustände sind beim Pferd praktisch unbekannt, da die Bioverfügbarkeit von aufgenommenem Mangan normalerweise bei etwa 50 Prozent liegt, bei gleichzeitig hohen Mangangehalten im Grundfutter. Man geht davon aus, dass Pferde täglich etwa 40 mg Mn/kg Trockensubstanz benötigen. Hohe Calciumgaben können Mangan verdrängen, was zu einem Manganmangel führt. Stark überhöhte Mangangehalte begünstigen aufgrund verminderter Eisenabsorption Anämien.

Schwefel (S)

Schwefel ist ein essenzieller Bestandteil bestimmter Aminosäuren, insbesondere Methionin und Cystein, und wird bei normaler Proteinversorgung ausreichend zur Verfügung gestellt. Allerdings muss man auf die Qualität der zugefütterten Proteine und ihren Gehalt an den einzelnen Aminosäuren achten. Auch mit Mineralfutter wird Schwefel in Form von Sulfaten zugeführt.

Schwefel ist an zahlreichen Stoffwechselprozessen beteiligt, unter anderem dem Aufbau von

Haar- und Hufhorn. Daher äußert sich Schwefelmangel häufig in Fell- und Hautproblemen wie Ekzemen, dünnem Mähnen- und Schweifhaar sowie in schlechter Hufhornqualität oder langsamem Hufwachstum.

Bei Schwefelmangel kann das Pferd nicht ausreichend Keratin bilden und es kommt zu schlechter Hornqualität und brüchigen Hufwänden.

wichtig

Bei Schwefelmangel kann man ein Mineralfutter geben, das beispielsweise Zink und Kupfer als Sulfate enthält. Alternativ kann man gezielt die Aminosäuren Methionin und Cystein zusammen mit Lysin oder Schwefel in Form von Methylsulphonylmethan (MSM) füttern.

Selen (Se)

Selen ist in den letzten Jahren in den Mittelpunkt der Aufmerksamkeit gerückt, da in Blutbildern häufig ein Selenmangel festgestellt wird. Auf der Suche nach der Ursache kam man zum naheliegenden Schluss, dass offenbar alle Böden in Mitteleuropa selenarm sind und die Pferde daher einen Mangel haben müssen. Unbekannter ist die Tatsache, dass Selen an Entgiftungsreaktionen im Körper beteiligt ist und daher mehr verbraucht wird, je mehr Toxine im Körper entsorgt werden müssen. Kommt noch eine gestörte Darmflora und damit ein Mangel an aktiviertem Vitamin B_6 (Pyridoxal-5-Phosphat, P_5P) hinzu, so wird nicht nur Zink vermehrt benötigt, sondern auch Selen, um die Entgiftungsfunktion aufrechtzuerhalten Während das Pferd aber sehr empfindlich auf Zinkmangel im Blut reagiert, ist es ausgesprochen tolerant gegen Selenmangel im Blut, solange die Gewebewerte ausreichend sind.

Auch die Zufütterung von Ölen mit ungesättigten Fettsäuren, wie Leinöl, verbraucht massiv Selen im Körper. Selen verbindet sich zudem mit Quecksilber aus Impfungen und lagert sich im Nervengewebe ab. Im Muskel wirkt es darüber hinaus mit Vitamin E als Radikalfänger gegen oxidativen Stress. Da Vitamin E Selen bindet, kann auch die massive Vitaminisierung von Mischfuttern mit Vitamin E zu einem Mangel an Selen im Blutbild führen. Diese Faktoren zusammen verursachen einen deutlich erhöhten Verbrauch an Selen im Vergleich zum natürlichen Zustand. Daher wundert es nicht, dass die Pferde ihren Bedarf nicht mehr aus dem Grundfutter decken können.

Ein gesundes Pferd mit funktionierender Darmflora hat einen sehr niedrigen Bedarf an Selen, man geht von etwa 0,1–0,12 mg Se/kg Futtertrockensubstanz aus. Der Selenbedarf steigt, wenn Pferde größere Mengen Proteine oder Sulfate aufnehmen, zum Beispiel bekommen Sportpferde häufig stark mit Protein angereichertes Mischfutter. Im Sport verlieren die Pferde außerdem vermehrt Selen über den Urin, da sie mehr Vitamin E in der Muskulatur verbrauchen. Auch Pferde mit Kryptopyrrolurie und tragende oder laktierende Stuten haben einen erhöhten Selenbedarf. Das normal gehaltene und gerittene Pferd entwickelt jedoch bei ausreichender Versorgung mit gutem Raufutter in der Regel keinen Selenmangel.

Selen wird meist als Natriumselenit oder -selenat den Mischfuttern zugesetzt. Untersuchungen haben aber gezeigt, dass pflanzliche Selene eine wesentlich höhere Bioverfügbarkeit haben als die anorganischen Selenite und Selenate. Einzig Aminsäuren-Chelat-Selen ist ebenfalls hochgradig bioverfügbar. Da die Selen-Chelate nicht über die Niere ausgeschieden werden, sondern im Blut verbleiben oder in der Leber eingelagert werden, sollte man sie nicht füttern. Im Futtergetreide liegt Selen als Selenocystein, Selenocystin und Selenomethionin vor. Diese Aminosäuren benötigt das Pferd besonders.

Selen ist hochgiftig! Der großzügige Umgang der Futter- und Futterzusatzmittelindustrie mit Selen führt derzeit zu mehr Schaden als Nutzen für die Pferde. Zu hohe Gaben, das heißt bereits 2 mg Selen/kg Futtertrockensubstanz, können eine chronische Selenvergiftung nach sich ziehen.

Diese äußert sich durch ringförmige Einschnürungen an den Hufen, bröckeliges Hufhorn, Trennung des Hornschuhs an der weißen Linie und möglicherweise Ausschuhen. Außerdem kommt es zu Haarverlust der Langhaare, Ergrauen der Haare, Knorpelabhebungen des Gelenkknorpels und Arthrosen im Gelenk sowie unspezifischen Lahmheiten. Diese Probleme entstehen, weil der Schwefel bei der Keratinbildung verdrängt wird. Bei Selenvergiftung gibt es keine Möglichkeit, das Pferd zu therapieren. Oft versagen die Organe, vor allem Leber und Niere, und das betroffene Tier verendet.

wichtig

Bei unseren modernen Haltungsbedingungen ist eine Überdosierung von Selen in der Regel wahrscheinlicher als ein Selenmangel. Daher sollten Selenmängel im Blut vorsichtig bewertet werden und eher über eine Umstellung der Fütterung, Aufbau der Darmflora und Unterstützung der natürlichen Entgiftungsfunktionen des Pferdes therapiert werden. Hohe Überversorgung kann zu einer tödlichen Selenvergiftung führen!

Zink (Zn)

Dieses Spurenelement ist an den verschiedensten Stoffwechselreaktionen im Körper beteiligt: vom Ablesen der DNA über ein funktionierendes Immunsystem bis hin zu seiner Bedeutung für viele Enzyme im Protein- und Kohlenhydratstoffwechsel. Zink dient als Kofaktor für über 200 Enzyme, entweder als Teil des Enzyms oder als Aktivator.

Der Erhaltungsbedarf an Zink wird auf etwa 35–50 mg Zn/kg Trockensubstanz geschätzt. Nach einigen Untersuchungen steigt der Bedarf aber mit dem Training an. So wurde bei Freizeitpferden ein Tagesbedarf von 274 mg Zn/Tag und bei Sportpferden von 461 mg Zn/Tag festgestellt. Bei hohen Anteilen von Phytaten, zum Beispiel aus Weizenkleie, und bei erhöhten Kupfer- oder Calciumgaben steigt der Zinkbedarf beim Pferd ebenfalls an.

Füttert man Zink zu, so findet man große Unterschiede in der Bioverfügbarkeit. In Getreide oder Ölsaaten liegt Zink vor allem als Phytatsalz vor, das kaum bioverfügbar ist. Im Mischfutter finden sich meist Zinkoxid oder Zinksulfat. Dabei ist Zinkoxid am schlechtesten verfügbar, vermutlich nur zu 10–20 Prozent. Die Verfügbarkeit von Zinksulfat liegt bei 40–60 Prozent. Organische Formen von Zink, zum Beispiel Zink-Chelate, haben die höchste Bioverfügbarkeit mit bis zu 90 Prozent. Will man gezielt Zink füttern, ist es sinnvoll, Zink-Chelat zu geben, und zwar zu anderen Fütterungszeiten als das normale Mineralfutter, in dem auch der Gegenspieler Kupfer enthalten ist. Für die normale Versorgung reicht die Gabe von Zinksulfat im Mineralfutter aus. Zink ist auch in hoher Dosierung relativ harmlos für Pferde, für eine toxische Wirkung müssen 1 000 mg/kg überschritten werden. Eine Zinkvergiftung zeigt sich in Anämie, Steifheit und Lahmheiten sowie Rissen in der Kronrandhaut. Zinküberschuss geht in der Regel mit einer reduzierten Kupferaufnahme einher. Zink und Kupfer arbeiten im Körper immer antagonistisch.

Zu den Zinkmangelerscheinungen zählen borkige Auflagerungen und Verdickungen der Haut, Haarausfall und erhöhte Infektionsneigung. Auch bei Sommerekzem, Kotwasser und Allergien spielt offenbar häufig Zinkmangel mit. Denn die Symptome verbessern sich deutlich mit der Zufütterung von Zink und der Balancierung des Mineralhaushalts. Zink beeinflusst auch die Festigkeit des Hufhorns, aber nicht so stark, wie man vielleicht denkt. Erst zusammen mit Schwefel führen Zink, Kupfer oder Mangan zu besserem Hornwachstum, Hornqualität und verringerter Fühligkeit.

wichtig

Zinkmangel tritt bei Pferden relativ häufig auf, vor allem im Rahmen der weitverbreiteten Kryptopyrrolurie. Mangelerscheinungen von Zink haben weitreichende Auswirkungen auf den Stoffwechsel des Pferdes. Ein ständiges Übermaß an Zink kann aber zu Magnesium- und Kupfermangel führen.

Weitere essenzielle Spurenelemente sind Fluor, Molybdän, Chrom, Zinn und Bor. Sie sind

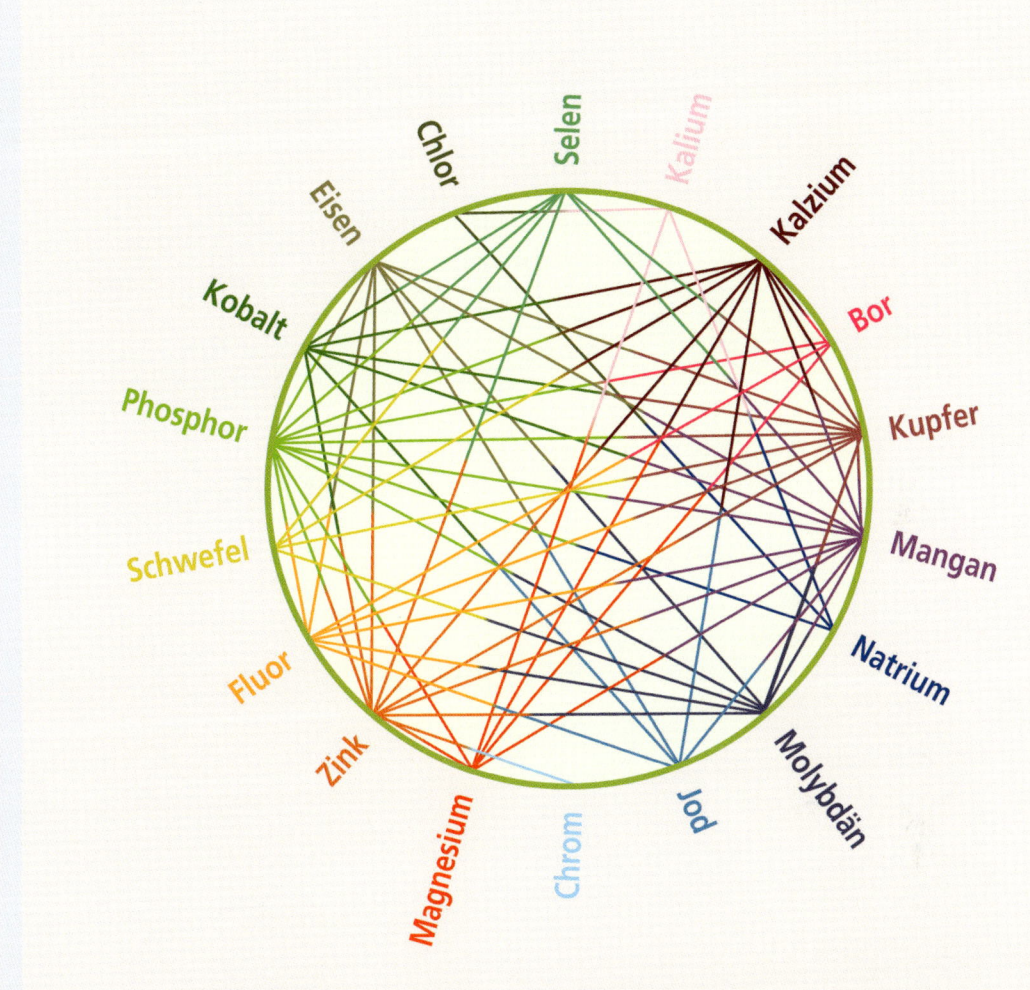

Zwischen den Mineralien und Spurenelementen bestehen komplexe Wechselwirkungen, daher sollten solche Zusätze nicht leichtfertig gegeben werden. (Illustration: Katja van Ravenstein)

bei pferdegerechter Fütterung ausreichend vorhanden. Zeigen die Pferde trotz Mineral- und Salzfütterung auffälliges Schleckverhalten an Gegenständen, Sandfressen, Kotfressen und Ähnliches, kann es sich um einen Mangel dieser Mikroelemente handeln.

Futterarten und ihre Zuordnung

Beim Thema Fütterung wird immer sehr viel mit komplizierten Tabellen hin und her gerechnet. Da geht es um Protein- und Energiewerte, um ausreichende Mineralversorgung, und am Ende steht oft ein Futterplan, der mit der Realität nicht viel zu tun hat. Denn meist landen bei solchen am Schreibtisch entstandenen Plänen nachher Futtermittel in der Krippe, die im Pferd nichts zu suchen haben. Was aber sind ungeeignete Futtermittel für das Pferd?

In erster Linie natürlich verdorbene Futtermittel, die Schimmelpilze und ihre Mykotoxine, Milben- und Bakterienbefall aufweisen. Gerade das Thema Schimmelbefall wird in vielen Ställen heruntergespielt, verschimmeltes Heu oder Heulage wird gefüttert oder graues Stroh eingestreut. Selbst wenn der Besitzer das schimmelige Futter auf den Misthaufen wirft, landet es am Abend leider häufig wieder in einer Pferdebox. Giftige Beimengungen, wie Botulismus-Toxin aus toten Mäusen oder Rehkitzen in Heulage, Jakobskreuzkraut oder Herbstzeitlose in Heu, Verunreinigungen mit Ratten- und Mäusegiften sowie Futterzusatzstoffe, die für andere Tierarten bestimmt sind, können sehr schnell zu manchmal tödlichen Krankheiten führen.

Auch ungeeignete Darreichungsformen gefährden die Gesundheit: Verfüttert man Mash zu heiß, führt das zu Verbrennungen. Werden Mash, Trockenschnitzel oder Weizenkleie trocken verfüttert, kommt es zu Schlundverstopfungen, Magensteinen, Magenriss oder Kolik. Brot, ganze Äpfel oder Pellets beziehungsweise Pelletkrümel können ebenfalls eine Schlundverstopfung verursachen. Futtermittel mit erhöhtem Sand-, Fluor-, Nitrat-, Blei- und Cyangehalt können langfristig nachteilige Folgen haben: zum Beispiel die Blausäure in den grünen Karottenköpfen oder der hohe Nitratgehalt in handelsüblichen Karotten.

Von zentraler Bedeutung bei der Auswahl der Futtermittel ist auch, dass Pferde nur dann psychisch ausgeglichen sind, wenn sie sich ausreichend mit Kauen beschäftigen können. Wildpferde verbringen etwa 16 Stunden am Tag mit langsamer Bewegung und Fressen, während

sie acht Stunden ruhen. Das heißt, sie fressen 70 Prozent des Tages. In modernen Haltungsformen, wie Offenställen, können die Pferde sich zwar bewegen. Bekommen sie aber zu wenig Raufutter, kommt es zu Herdenstress, Aggression und zu schnellem Fressen des Heus. Pferde in Boxenhaltung, mit drei Mahlzeiten täglich, verbringen nur etwa zwei Stunden mit Bewegung und etwa sechs Stunden mit Fressen, viel zu wenig für den Dauerfresser Pferd. In den restlichen 16 Stunden langweilen sie sich und zeigen häufig Verhaltensauffälligkeiten wie Koppen oder Weben. Indem sie ihre Einstreu oder Kot fressen, versuchen sie, ihren leeren Magen zu füllen.

wichtig

Die ausreichende Raufuttergabe ist das A und O in der Pferdefütterung. Bekommen Pferde mehr als vier Stunden kein Raufutter, entstehen bereits Magengeschwüre.

Auch wenn das Pferd ein Dauerfresser ist und immer Futter zur Verfügung haben sollte, muss ein Überangebot an Energie vermieden werden. Vor allem der Gehalt an Protein und leicht verfügbaren Kohlenhydraten in einer Ration sollte gering gehalten werden. Denn der Stoffwechsel des Pferdes ist auf langsam verdauliches Futter ausgerichtet, nicht auf leicht verdauliche Mahlzeiten. Ein Überangebot führt zu Verfettung und Krankheiten wie Hufrehe, Koliken, Equinem Metabolischem Syndrom (EMS) oder einer Form von Equinem Cushing Syndrom (ECS). Aber auch ein Übermaß an Vitaminen und Spurenelementen wie Jod oder Selen schadet dem Pferd. Gerade die fettlöslichen Vitamine A, D, E und K sollten, wenn überhaupt, nur sehr dosiert gegeben werden. Ein Unterangebot kommt bei unseren modernen Haltungsformen, besonders in den Ballungsgebieten, nur selten vor. Überangebot ist durch die Zufütterung verschiedenster Mischfutter und Supplementprodukte jedoch an der Tagesordnung. Natürlich muss beim wachsenden, tragenden oder laktierenden Pferd, beim Sportpferd in der Turniersaison und bei großer Kälte in Offenstallhaltung oder Gebirgslagen das Futter angepasst werden. Aber eine Stunde am Tag über den Reitplatz traben ist für das Pferd noch keine Arbeit, die eine große Kraftfuttergabe und mehrere Zusatzprodukte täglich erfordert.

Relativ häufig kommt ein Unterangebot bei Natrium, Chlorid und Zink vor, da die intensiv genutzten Böden in Mitteleuropa geringe Mengen dieser Stoffe im Futter liefern. Beim Pferd als Leistungssportler gehen, besonders über den Schweiß, viel Natrium, Kalium und Chlorid verloren – Stoffe, die für die Muskelarbeit gebraucht werden. Fehlen sie der Herz- und Darmmuskulatur, bekommen diese Organe Probleme, die sich auch in einer Koliksymptomatik äußern können. Mit einem Salzleckstein kann man gerade dem Mangel an Natrium und Chlorid vorbeugen. Sportpferde können während der Wettkampfsaison Elektrolyte bekommen, die den Verlust ausgleichen. Wenn Pferde nicht ausreichend über den normalen Weg entgiften können, scheiden sie häufig übermäßig viel Zink aus und können trotz ausreichender

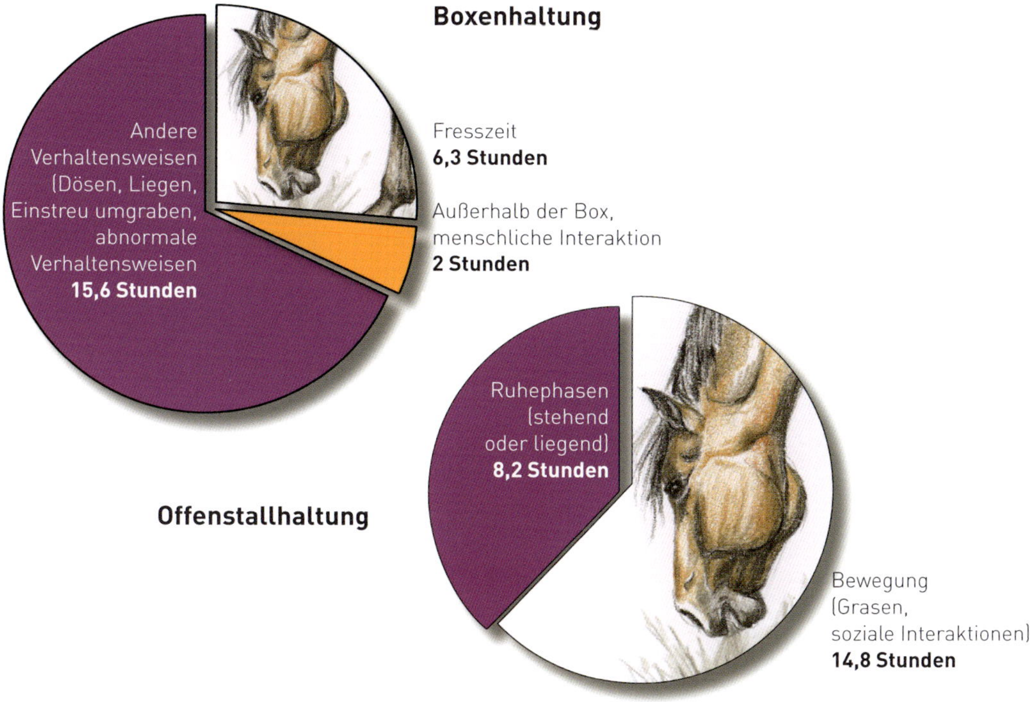

Boxenhaltung

Andere
Verhaltensweisen
(Dösen, Liegen,
Einstreu umgraben,
abnormale
Verhaltensweisen
15,6 Stunden

Fresszeit
6,3 Stunden

Außerhalb der Box,
menschliche Interaktion
2 Stunden

Ruhephasen
(stehend
oder liegend)
8,2 Stunden

Offenstallhaltung

Bewegung
(Grasen,
soziale Interaktionen)
14,8 Stunden

Geringe Raufuttergaben mit langen Futterpausen führen bei Boxenpferden zur Entwicklung von Magengeschwüren. Wildpferde und Pferde in Freilaufhaltung verbringen dagegen zwei Drittel ihres Tages mit Fressen und ruhiger Bewegung, was dieser Krankheit vorbeugt.

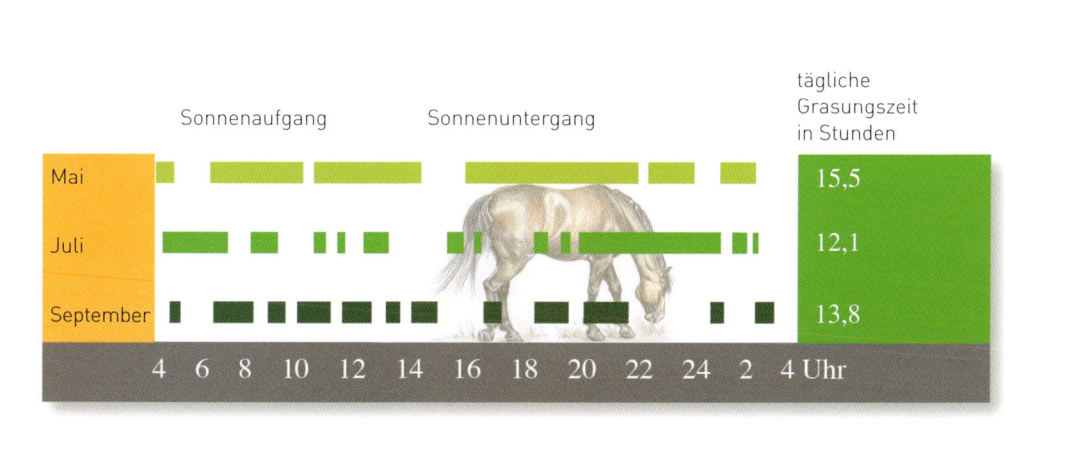

tägliche
Grasungszeit
in Stunden

Sonnenaufgang   Sonnenuntergang

Mai		15,5
Juli		12,1
September		13,8

4   6   8   10   12   14   16   18   20   22   24   2   4 Uhr

Versorgung in einen Zinkmangel geraten. Dann hilft es, dem Pferd Zink-Chelate oder Mineralfutter mit hohem Zinkanteil zu geben.

wichtig

Die beste Maßnahme gegen Zinkmangel ist jedoch die Optimierung der Fütterung, die Sanierung der Darmflora und Anregung des Entgiftungsstoffwechsels.

Das Futter sollte stets so angeboten werden, dass die Pferde bei der Nahrungsaufnahme eine entspannte Haltung einnehmen können. Das Pferd frisst natürlicherweise vom Boden. Daher sollte Heu vom Boden oder aus niedrig hängenden Heunetzen angeboten werden. Auch Kraftfutter kann vom Boden gefüttert werden; über das Heu gestreut verlängert es zusätzlich die Aufnahmezeit und führt zu einer besseren Verwertung der Nährstoffe. Hoch aufgehängte Heuraufen oder Heunetze führen zu einer verkrampften Haltung mit Verspannungen der Rücken- und Bauchmuskulatur. Außerdem rieselt den Pferden häufig Staub in die Augen, was Bindehautentzündungen begünstigt.

Der Verdauungsapparat des Pferdes ist von der Evolution auf eine kontinuierliche Futterzufuhr optimiert. Der Rückschluss von den drei Mahlzeiten des Menschen auf Mahlzeiten für das Pferd ist nicht zulässig. Gerade eine Kraftfuttermahlzeit am Mittag statt Heu schadet den Pferden. Zur artgerechten Ernährung des Pferdes gehört ein ausreichender Anteil an strukturiertem Futter.

wichtig

Ein frei lebendes Pferd frisst nicht nur Gras, sondern sucht gezielt seine Futterpflanzen aus. Es nimmt auch Laub, Zweige, Kräuter, Blüten, Früchte, Beeren, Nüsse, Moose, Flechten sowie Wasserpflanzen und Wurzeln auf. Das sollte man bei der Fütterung berücksichtigen.

Die Pferdefütterung hat sich bei uns bereits im Lauf des 19. und beginnenden 20. Jahrhunderts deutlich verändert. Gründe dafür waren zum einen Veränderungen in der landwirtschaftlichen Produktion, zum anderen die Industrialisierung, die zu einer Konzentration von Pferden in wachsenden Städten führte. Auch das Militär musste viele Pferde auf engem Raum halten und ernähren, nicht nur in Kriegszeiten. Zu den traditionellen bäuerlichen Futtermitteln wie Gras, Heu, Laub, Hafer und Gerste kamen auch Kartoffeln, Rüben, Abfälle der Getreide verarbeitenden Industrie und aus der Ölfrüchte- und Zuckerrübenverarbeitung sowie Futtermittel tierischen Ursprungs wie Fleisch- und Blutmehle. Durch die Konzentration von Industrien in Städten fielen hier erheblich Abfallstoffe an, vor allem vom Brauerei-, Brennerei- und Mühlengewerbe. Diese Abfälle wurden zunehmend als Pferdefutter verwendet, um die vielen Pferde zu ernähren und die Entsorgung einzusparen. So fanden Nachmehle, Treber, Schlempe, Hefe, Malzabfälle, Kleie und ähnliche Produkte ihren Weg in die Futterkrippen. Damals war den

Pferdehaltern klar, dass sie ihre Pferde nicht artgerecht ernährten. Die Sachzwänge und Kosten führten dazu.

Schon vor 1800 hat man begonnen, für Militärpferde Futtermischungen aus Brot, Kuchen, Biskuits oder Zwiebacken herzustellen. So wollte man verdorbene Bestandteile oder solche, die Pferde nicht fressen, wie Fleisch- und Blutmehle, den Pferden schmackhaft machen. Auch der Transport sollte damit vereinfacht werden. Mit der Einführung von Melasse als „Geschmacksregulanz" um 1890 traten diese Mischfutter den Siegeszug an. Denn mit ausreichend Melasse versetzt, fressen Pferde fast alles, was man ihnen vorsetzt.

Heute steht der Pferdehalter vor einem schier unendlichen Angebot verschiedener Kraftfuttersorten aus Pellets, Müslis und Zusatzfuttermitteln. Alle versprechen auf ihren Beipackzetteln eine optimale Ernährung und Leistungsfähigkeit des Pferdes. In der Praxis findet man aber immer wieder Futter oder Inhaltsstoffe, die in der Pferdefütterung nichts zu suchen haben. Daher lohnt es sich, die Bestandteile der Futtermittel genau zu prüfen.

In der Pferdefütterung unterscheidet man vor allem nach der Art des Futters. Eine Mahlzeit sollte immer überwiegend aus Raufutter bestehen und aus einer von der Arbeitsleistung des Pferdes abhängigen Menge Kraftfutter. Mineralfutter muss nach Bedarf, das heißt nach Mineralgehalt des Grundfutters, zugefüttert werden, um Mangelerscheinungen vorzubeugen. Saftfutter und diätische Komponenten bekommt das Pferd nur zu besonderen Gelegenheiten.

Raufutter

Zur Fütterung gehört üblicherweise eine ausreichende Zufuhr von Raufutter in Form von Heu und Stroh. Darüber wird die Nahrungs- und Energieaufnahme reguliert und die Pferde sind satt und beschäftigt. Durch genügend Raufutter wird das Risiko für Magenüberladung, Dickdarmüberlastung und für Verhaltensauffälligkeiten aus Langeweile verringert. Auch der Zahnabrieb wird reguliert und der Speichelfluss stimuliert. Raufutter regt die Motorik an und sorgt so dafür, dass der Futterbrei in optimaler Geschwindigkeit durch den Verdauungsapparat transportiert wird und die Nährstoffe optimal verwertet werden können. Damit werden auch Fehlgärungen mit Gasbildung in Magen oder Darm vermieden.

Wichtig ist, dass die Pferde schmerzfrei und gründlich kauen können, die Zähne also in einem ordentlichen Zustand sind. Außerdem müssen die Pferde ausreichend Zeit für die Nahrungsaufnahme haben, was insbesondere in überfüllten Offenställen nicht immer der Fall ist. Raufutter führt dazu, dass Pferde einen erhöhten Wasserbedarf haben. Die Fütterung von nassem Heu oder ein Wasserkübel neben dem Heu, in den die Pferde gerade staubiges Heu gern „tunken", sorgen dafür, dass dem Stoffwechsel genügend Flüssigkeit zur Verfügung steht. Heufütterung auf Ausläufen ohne Wasserzugang sollte unbedingt vermieden werden. Es kann ansonsten zu Darmträgheit und Verstopfungskoliken kommen.

Zum Raufutter zählen Wiesenheu, Luzernenheu, Stroh und daraus hergestellte Handelsformen wie Heucobs, -würfel oder -flocken so-

wie silierte Produkte von Gras wie Heulage und natürlich Weidegras. Die Zusammensetzung der Raufutterration spielt eine zentrale Rolle in der Fütterung. Raufutter soll viel Rohfaser enthalten. Dies ist jedoch ein Sammelbegriff für verschiedene chemische Verbindungen wie Zellulose, Hemizellulose, Lignin und Pektin. Rohfaser meint in diesem Fall vor allem Zellulose als Nährstoff für die Darmflora des Pferdes. Lignin wirkt als Ballaststoff darmregulierend und Pektine bringen im Übermaß gefüttert die falschen Bakterien und Pilze im Dickdarm zum Wachstum.

wichtig

Nicht nur die Quantität, sondern vor allem die Qualität des Raufutters spielt eine entscheidende Rolle für eine ausgeglichene Verdauung.

Optimales Raufutter hat ein großes Volumen im Vergleich zum Gewicht, das im Verdauungstrakt durch Aufquellen noch vergrößert wird. Eine lockere Struktur mit großer Oberfläche lässt Verdauungssäfte und Bakterien besser einwirken. Durch die Struktur des Raufutters müssen Pferde gründlicher kauen und einspeicheln als bei einer vergleichbaren Menge Kraftfutter. Dafür muss das Raufutter eine faserige Konsistenz haben, Heuzubereitungen wie Heucobs sind kein Raufutterersatz. Ein Kilo Heu wird in circa 40–50 Minuten aufgenommen, während ein Kilo Hafer bereits in zehn Minuten aufgefressen ist. Eingeweichte Heucobs werden ähnlich schnell gefressen wie dieselbe Menge Kraftfutter. 100 Gramm „Struktur", also Grünland- oder Luzernehäcksel, werden innerhalb einer Minute aufgefressen.

Ist die gefütterte Heumenge langfristig zu gering, wird sich die Gesamtzahl der Darmsymbionten reduzieren. Kurzfristig kann dieses Defizit durch Stroh ausgeglichen werden, mit der Zeit kommt es aber zu Verschiebungen in der Darmflora. Dies führt bei empfindlichen Pferden nicht nur zu Koliken, sondern auch zu verlängerten Lösungsphasen und Rückenproblemen, da die Verdauungsstörungen Druck im Bauchraum erzeugen, den die Pferde durch Anspannen der Rückenmuskulatur auszugleichen versuchen. Eine reine Strohfütterung, wie man sie insbesondere zur Gewichtsreduktion bei Ponys oft sieht, ist daher nicht sinnvoll. Füttert man lange Zeit zu wenig Heu, kommt es vor allem bei Haltung in reizarmer Umgebung wie Boxen zu Verhaltensauffälligkeiten und zu Gesundheitsproblemen wie Verstopfung, Fehlgärung, Kotwasser, Kolikanfälligkeit, Durchfall und damit zu einer schlechteren Vitaminversorgung. Schließlich kann das Pferd die gesamte Futterration nur noch reduziert verwerten. Probleme im Bewegungsapparat folgen, weil die Pferde Magengeschwüre entwickeln, krampfen und die Rückenmuskulatur verspannen. Durch den entgleisenden Stoffwechsel können sich sekundäre Krankheiten wie Sehnen- und Fesselträgerschäden, Kryptopyrrolurie, Leber- und Nierenstörungen entwickeln.

Heu

Heu ist die wichtigste Raufuttergrundlage für jedes Pferd. Es darf in keiner Ration fehlen. Heu für Pferde muss stängelig und hart sein, damit es wenig Protein und Zucker, aber viele Strukturkohlenhydrate enthält. Flauschiges, dunkelgrünes Heu ist zu früh geerntet und eher für die Fütterung an Kühe geeignet. Übertriebene Düngung der Heuwiesen führt zu Veränderungen der Flora und zur Verdrängung der für Pferde wichtigen Kräuter und stängeligen Sorten durch protein- und zuckerreiche Gras- und Kleesorten. Auch Löwenzahn, wenn er in großen Mengen auf den Heuwiesen wächst, ist ein Anzeiger für übermäßig viel Stickstoff im Boden durch Überdüngung. Sumpfschachtelhalm, Herbstzeitlose, Adonisröschen und Kreuzkraut sowie Adlerfarn haben auf Heuwiesen nichts zu suchen, sie sind auch in getrocknetem Zustand

Gutes Pferdeheu ist das A und O in der Pferdefütterung.

für Pferde giftig. Hahnenfuß hingegen verliert seine Giftigkeit während der „Schwitzphase" des Heus in den ersten acht Wochen nach der Ernte.

Heuwiesen für Pferde dürfen auch deshalb nicht zu früh gemäht werden, damit die Kräuter aussamen können. Die meisten dieser Kräuter sind einjährig und wenn sie vor dem Versamen gemäht werden, verschwinden diese Kräuter mehr und mehr von den Wiesen.

Die optimale Pferdeheuwiese wird einmal im Jahr im Juli gemäht, dann hat man die beste Kräuterzusammensetzung.

Normal ist die Ernte zwischen Ende Mai und Ende Juni. Der Energiegehalt und die Verdaulichkeit des Heus schwanken stark mit der Pflanzenzusammensetzung und mit dem Erntezeitpunkt, aber auch mit der Art der Trocknung und dem Wetter während der Heuernte. Jede Art von Konservierung führt zu einem Verlust an Nährwerten, bei Heu liegt dieser bei etwa 20–25 Prozent gegenüber dem frischen Grün.

Wird das Heu zu spät gemäht, verholzen die Pflanzen schon, und der Anteil an Lignin steigt, während der Nährwert sinkt. Der Hauptanteil der Nährstoffe befindet sich in den Blättern, Blüten und Samen der Pflanzen. Je nach weiterer Bearbeitung des Heus gehen gerade diese Anteile als sogenannte Bröckelverluste verloren. Daher sollte Heu zur Fütterung auch nicht aufgeschüttet werden, sondern mög-

lichst schonend vom Ballen genommen und den Pferden vorgelegt werden. Auf diese Weise vermeidet man nicht nur Staubentwicklung im Stall, sondern erhält auch die wertvollen Bestandteile im Heu.

Heu wird normalerweise zu Ballen gepresst und eingebracht, wenn nur noch etwa 10–15 Prozent Restfeuchte enthalten sind. Dann wird das Heu locker unter Dach gelagert und es beginnt die acht- bis zwölfwöchige „Schwitzphase". In dieser Zeit nehmen die Aromastoffe und die Verdaulichkeit zu. Gifte, zum Beispiel aus Hahnenfuß, bauen sich in der Zeit ab.

Heuqualität

Wird das Heu zu früh gefüttert oder wurde es zur Abschwitzphase falsch gelagert, kann es zu schweren gesundheitlichen Störungen kommen wie Kolik, Hufrehe, angelaufenen Beinen, Nesselfieber und Lahmheit. Heu für Pferde sollte stängelig, von frischem Geruch und grünlicher Farbe sein und intensiv nach Kräutertee riechen.

Je blattreicher und stängelärmer das Heu, desto höher sein Eiweißgehalt, desto niedriger der Rohfasergehalt, desto schlechter die Verdaulichkeit für Pferde. Muffiger Geruch, starke Staubbildung und zusammengepresste Platten im Heu deuten auf Schimmelbefall hin, ebenso wie weißliche Stellen. Ein hoher Kleeanteil im Heu führt zu großen, nach Ammoniak riechenden Urinabgaben mit hohem Calciumkarbonat-Anteil.

Heu blasser Farbe ist während des Trocknungsprozesses eingeregnet. Dabei gehen vor allem Zucker und Mineralstoffe verloren. Der Verlust ist umso höher, je trockener das Heu zum Zeitpunkt des Regens schon war. Diesen Umstand kann man sich zunutze machen in der Fütterung von Ponys und Robustpferden, die extrem empfindlich auf Zucker reagieren. Wenn das eingeregnete Heu anschließend ordentlich getrocknet wurde und es nicht verschimmelt ist, hat man ein sehr mageres Heu, sodass auch Ponys damit ad libitum gefüttert werden können. In diesem Fall muss man aber Mineralien zufüttern. Künstliche Trocknung durch Heißluft verringert den Nährwert des Heus. Vitamine und teilweise auch Proteine werden durch den Heißluftprozess verändert und sind oft nicht mehr für das Pferd verwertbar. Bei scharfer Trocknung sieht das Heu bräunlich aus, riecht angebrannt und wird ungern gefressen. Den verbrannten Geruch nimmt Heu auch an, wenn man Chemikalien zusetzt, die ein Schimmeln verhindern sollen bei zu feucht gepresstem Heu. Auch dieses wird von Pferden ungern gefressen und stellt eine erhebliche Stoffwechselbelastung dar. Heu, das sich klamm anfühlt, ist nicht ausreichend durchgetrocknet und darf auf keinen Fall verfüttert werden.

Lässt man Pferde frei Heu fressen, nehmen sie im Schnitt 19–29 g/kg Körpergewicht auf. Die Menge korreliert mit dem Rohfaseranteil: Je höher der Rohfaseranteil, desto geringer der Nährwert, desto mehr Heu fressen die Pferde. Für einen arbeitenden Warmblüter sind 10–12 Kilogramm Heu am Tag Minimum, optimal ist eine Fütterung ad libitum, das heißt bis zur Sättigung. Die Verwendung von Heunetzen mit kleinen Maschen erlaubt eine Ad-libitum-Fütterung auch bei verfressenen Pferden, weil diese durch die Netzmaschen langsamer fressen müssen. Außerdem verhindern sie, dass die Pferde große Heumengen unter die Einstreu wühlen und dadurch verderben.

Ein Problem in vielen Ställen ist die mangelnde Lagermöglichkeit für Heu unter Dach. Die Lagerung unter Plane sorgt häufig für Schimmelbefall durch Kondenswasser. Hier gibt es mittlerweile das sogenannte Heuvlies, das man über das auf Paletten gestapelte Heu ziehen kann. Durch das Vlies kann Feuchtigkeit nach außen verdunsten. Regen perlt weitgehend ab, und sollte mal etwas Feuchtigkeit durch das Vlies gehen, kann es beim nächsten Sonnenschein verdunsten. Versuche haben gezeigt, dass unter Heuvlies auf Paletten gelagertes Heu eine ordentliche Qualität den ganzen Winter hindurch liefert.

Heucobs oder Grascobs sind für alte Pferde mit Zahnproblemen, die kein Heu mehr kauen können, eine gute Raufutterquelle. Dafür müssen die Heucobs gründlich eingeweicht und das Einweichwasser möglichst weggegossen werden, da es in hohem Maß Zucker enthält, der vom Blut zu schnell aufgenommen wird, weshalb mit Heucobs gefütterte Pferde oft rund und aufgedunsen aussehen. Heuflakes sind Heucobs, die nach dem Pressen zu Pellets wieder grob zerkleinert werden. Beide sind kein Ersatz für Heufütterung beim gesunden Pferd. Sie werden zu wenig gekaut, dadurch kommt es zu mangelnder Speichelproduktion, pH-Wert-Verschiebungen im Darm und zu einer zu schnellen Darmpassage mit mangelnder Nährstoffausbeute.

Strukturanteil im Kraftfutter, wie er mittlerweile in vielen Müslis angeboten wird, ist kontraproduktiv, weil dieser Strukturanteil – ebenso wie das restliche Kraftfutter – viel zu wenig gekaut wird. Die Faserlänge mit etwa zwei Zentimeter ist genau die Länge, die zu einer zu langen Verweildauer im Darm mit Fehlgärungen führt. Strukturbeimengungen führen in der Regel nicht zu langsameren Fresszeiten. Das erreicht man eher durch große Steine in der Futterkrippe oder indem man das Kraftfutter über das Heu streut. Die Strukturanteile stören vielmehr empfindlich den Verdauungsprozess und können Ursache für Fehlgärungen, Kotwasser, Durchfälle und in Folge Entgleisungen der Darmflora und des Stoffwechsels sein.

Weide, Grünfutter

Die Weide kommt dem natürlichen Fressverhalten des Pferdes entgegen. Durch die selbstständige Futtersuche ist neben der Bewegung auch für die Beschäftigung gesorgt. Die aufgenommene Futtermenge ist dabei abhängig von dem Futterangebot, also von der Menge und Qualität sowie von der Dauer der Fresszeiten. Ist kein ausreichendes Weideland verfügbar, kann man auch Grünfutter von Dauergrünland mähen und verfüttern. Wiesen zeigen dabei meist eine andere Pflanzenzusammensetzung und Bodenqualität als Weiden, da auf Weiden durch gezielte Bevorzugung einzelner Pflanzen die Flora verändert und durch die Hufe der Boden verdichtet wird, was einigen Pflanzenarten das Wachstum erschwert. Daher kann

man oft von Wiesen bessere Kräuterqualitäten für das Pferd erhalten als von Weiden. Insgesamt variiert die Nährstoffzusammensetzung von Weidegras zum Teil erheblich von Weide zu Weide, was durch verschiedene Faktoren bedingt sein kann. Bei Grünschnitt ist darauf zu achten, dass er hoch genug über dem Boden abgemäht wird, um Verunreinigungen durch Erde zu vermeiden. Außerdem muss er sofort verfüttert werden, weil das Gras insbesondere im Sommer innerhalb eines Tages zu gären beginnt. Dann muss man es verwerfen. Grasabschnitte vom Rasenmäher sind nicht als Pferdefutter geeignet, weil sie ungenügend gekaut werden und Koliken auslösen können.

Im Frühjahr ist eine behutsame Futterumstellung von der trockenen, rohfaserreichen Winterration aus Heu und Kraftfutter auf das junge, protein- und zuckerreiche Weidegras notwendig. Die Darmflora braucht Zeit, um sich auf das neue Futter umzustellen, und man erleichtert die Umstellung, wenn die Pferde in dieser Zeit auch Heu auf der Weide zur Verfügung haben beziehungsweise morgens und abends Heumahlzeiten bekommen. Erst wenn das Weidegras genug Zellulose gebildet hat und stängelig wird, kann die Darmflora wieder in ihr Gleichgewicht kommen. Unter natürlichen Bedingungen weiden sich die Pferde selbst an, da sie schon im Winter Grashalme in wettergeschützten Winkeln knabbern, neben dem alten, trockenen Gras vom Vorjahr. Bei unseren Haltungsbedingungen stehen in der Regel nicht ausreichend Flächen zur Verfügung, um die Pferde bereits im Januar oder Februar auf die Weiden zu stellen. Daher muss in kurzen Zeitintervallen „angeweidet" werden. Diese

Nur noch selten sieht man Kräuterwiesen als Weideland oder für die Heugewinnung. Oft dominieren die für Pferde ungeeigneten Hochleistungsgräser und Kleesorten.

Intervalle verlängert man – individuell auf die Verdauung des Pferdes zugeschnitten – langsam, bis ein normaler Weidegang möglich ist. Die Fütterung von Effektiven Mikroorganismen, Flohsamenschalen oder Bitterkräutern erleichtert manchen Pferden die Umstellung von Heu auf Weidegras. Weidet man zu schnell an, kommt es oft zu grünlichen Durchfällen, Kotwasser oder Kolikerscheinungen und in schweren Fällen zu Hufrehe.

Besonders bei frostigen Nächten, gefolgt von warmen sonnigen Tagen, vor allem im Frühjahr und Herbst, bilden sich im Weidegras sehr schnell sogenannte Fruktane. Das sind langkettige Speicherkohlenhydrate, die von Pflanzen gebildet werden, wenn die Witterung kein Wachstum erlaubt. Dabei unterscheiden sich die verschiedenen Grassorten sehr stark in der Menge an Fruktan, die sie bilden. So sind Wiesenlieschgras und Rotschwingel fruktanarme Gräser, während das weitverbreitete Deutsche Weidelgras zu den fruktanreichen Pflanzen gehört. Man geht davon aus, dass die Aufnahme von 1 g Fruktan/kg Körpergewicht unkritisch ist. Unter normalen Bedingungen liegt die Aufnahme bei 1 bis 3 g Fruktan/kg Körpergewicht am Tag. In Versuchen konnte gezeigt werden, dass die einmalige Aufnahme von 7,5 g Fruktan/kg Körpergewicht zu Hufrehe führt. Dieser Wert wird normalerweise nicht an einem Tag, sondern nur über mehrere Tage erreicht. Es kann aber auch bei niedrigeren Fruktangehalten zu Hufrehe kommen, wenn der Stoffwechsel schon vorgeschädigt ist. Daher sollte besonders im Frühjahr und Herbst darauf geachtet werden, dass die Pferde nicht am Morgen auf die Weiden kommen. Denn der Fruktangehalt „verwächst" sich bei steigenden Temperaturen, sodass über die Mittagszeit und im Hochsommer stets die niedrigsten Fruktanwerte gemessen werden. Außerdem kann man versuchen, die Pflanzenzusammensetzung der Pferdeweiden hin zu fruktanarmen Grassorten zu optimieren.

Wie man am Beispiel Fruktan sieht, variiert der Nährstoffgehalt der Weiden beträchtlich mit der Pflanzenzusammensetzung. Aber auch der Boden, das Klima, die Art der Düngung und die Anzahl der Pferde pro Hektar spielen eine Rolle. Es sind komplexe Ökosysteme und eine Weide ist nicht wie die andere. Die meisten Weiden haben einen hohen Protein- und relativ geringen Energiegehalt. Dabei gilt die Faustregel: je jünger und blattreicher das Gras, desto mehr Protein. Pferde sind von Natur aus auch keine Grasfresser, sondern Pflanzenfresser, das heißt, sie brauchen für eine ausgewogene Ernährung viel mehr Pflanzenarten, als die meisten Weiden sie bieten. Das Argument, dass die Weide der natürlichen Ernährungsform der Pferde entspricht und daher als alleinige Futtergrundlage dienen kann oder soll, ist insofern nicht ganz richtig. Zum einen hat unser proteinreiches Gras nicht mehr viel mit dem mageren Steppengras und dem Kräuter-, Busch- und Waldpflanzenangebot zu tun, das wilden Pferden zur Verfügung steht. Zum anderen sind auch die Haltungsbedingungen und Leistungsanforderungen an ein Reitpferd andere als an ein Wildpferd. Nicht zuletzt liegt es am Nahrungsangebot, dass alle Wildpferde genügsame Ponyrassen sind. Einem Warmblüter reicht das Nahrungsangebot einer Wiese nicht aus für die Versorgung mit Energie oder Nährstoffen.

Die natürliche Haltung und ruhige Bewegung bei der Futteraufnahme auf der Koppel ist allerdings von unschätzbarem Nutzen für die Gesundheit und die Psyche der Pferde. Der Aufenthalt auf einer großen und kargen Koppel hat noch keinem Pferd, auch keinem Hochleistungspferd, geschadet. Um eine Überweidung zu vermeiden, das Wachstum von Kräutern zu ermöglichen und den Parasitendruck gering zu halten, braucht man pro Pferd etwa ein bis zwei

Hektar Weide. Dies ist leider unter heutigen Haltungsbedingungen nur selten möglich. Daher ist Weidepflege notwendig, um die Weiden auch über Jahre instand zu halten. Dazu gehört das Abmisten und das regelmäßige Ausmähen und Kalken von Geilstellen, um Wurmparasiten zu reduzieren. Mistet man so ab, dass an einigen Stellen immer ein paar Haufen liegen bleiben, so gewöhnen sich Pferde meist schnell die Benutzung dieser „Pferdeklos" an. Das hält Kot und damit Wurmparasiten vom Rest der Weide fern und erleichtert das Abmisten. Da die Wurmlarven zum Teil sehr widerstandsfähig sind und problemlos den Winter auf der Weide überstehen können, sollte man Pferdeweiden nicht mit Pferdemist düngen. Das gelegentliche Umackern und neue Einsäen der Weiden lockern den Boden und ermöglichen es, wieder pferdegerechte Pflanzen anzusiedeln.

Durch ihre Fressgewohnheiten neigen Pferde dazu, auf ihren Weiden Nester unerwünschter Pflanzen zu bilden. Dazu gehören Hahnenfuß, Sauerampfer, Gänseblümchen oder Wegerich, die vom Pferd gemieden werden. Daher müssen Weiden regelmäßig gemäht und unerwünschte oder giftige Pflanzen ausgestochen werden. Um den Kräuterbestand auf den Weiden zu unterstützen, kann man Kräuterpatches anlegen, indem Flecken abgezäunt und mit Kräutern eingesät werden. Diese können dann auf die umliegende Weide versamen und so immer wieder für Kräuternachwuchs sorgen. Auch das Aussäen von Kräutern außerhalb der Weide entlang des Zauns kann eine Ressource an Kräutersamen bilden, allerdings nur, wenn die Pferde nicht durch den Zaun hindurch nebenan fressen können. Die Zu-

sammensetzung der Kräuter für solche Weiden hängt stark von den Bodenverhältnissen und den klimatischen Bedingungen ab, hier sollte man sich professionell beraten lassen. Das Einsäen der Weiden mit Kräutern bringt nur im ersten Jahr eine kräuterreiche Weide. Diese sind meist sehr schmackhaft und werden vom Pferd schnell abgefressen, in der Regel, bevor sie Samen bilden konnten. Danach

Endophyten im Gras

Steht das Gras unter Stress, steigt der Anteil an Endophyten. Das sind in Pflanzen lebende Pilze, die für das Pferd unverträglich sind. Im Normalfall nimmt das Pferd so wenig Endophyten auf, dass der Stoffwechsel damit relativ gut umgehen kann. Ist das Gras aber kurz gefressen und herrscht gleichzeitig Trockenheit, Kälte oder starker Vertritt, kommt das Gras in Stress und der Anteil an Endophyten kann rasant ansteigen. Diese können beim Pferd zu Vergiftungserscheinungen und Hufrehe führen. Im Hochsommer oder Herbst auftretende Hufrehe, auch subklinisch, also unauffällig verlaufende, ebenso wie Kotwasserschübe, Koliken oder Ekzemschübe hängen oft mit Endophytenvergiftungen zusammen.

verbreiten sich Gras- und Kleesorten im zweiten Jahr wieder verstärkt, weil sie sich auch über die Wurzeln vermehren können. Vermeiden sollte man beim Einsäen der Weiden Deutsches Weidelgras, das zu viel Zucker, Protein und Fruktane enthält. Achtung bei Weiden mit hohem Moosanteil, hier lebt gern die Moosmilbe, die ein Zwischenwirt für den Bandwurm ist. Vorsicht auch im Herbst, wenn die Weiden stark abgefressen sind. Oft reißen die Pferde dann das letzte Gras mitsamt der Wurzel aus und nehmen dadurch viel Sand auf. Dieser kann sich im Dickdarm ablagern und zu schweren und potenziell tödlichen Sandkoliken führen. In solchen Fällen sollte man vorsorglich Flohsamenschalen füttern, um den Sand wieder aus dem Darm zu tragen.

Heulage (Anwelksilo, Grassilage, Haylage, Heusilo, Feuchtheu, Gärheu)

Die Fütterung silierter Grasprodukte nimmt in den letzten Jahren immer mehr zu. Verantwortlich dafür sind zwei Komponenten: Zum einen fressen die Pferde silierte Produkte gern und der staubfreie Zustand von Heulage führt dazu, dass Pferde mit gereizten Atemwegen weniger Hustenreize haben. Daher empfehlen sogar Tierärzte die Fütterung von Heulage bei chronischen Hustern, weil dadurch das Hustensymptom verschwindet. Auf der anderen Seite haben die Landwirte ein Interesse daran, Heulage herzustellen. Heu ist aufwendig herzustellen, weil es mehrmals gewendet werden und drei bis fünf Tage bei Sonnenschein trocknen muss.

So kann von einer Wiese normalerweise in einem Sommer nur zweimal ein Heuschnitt gemacht werden, der jeweils sehr arbeitsaufwendig ist. Heulage ist schneller zu produzieren, muss nicht so lange trocknen und seltener gewendet werden. Das Produkt wird in Folie eingewickelt und die Ballen können draußen gelagert werden. Daher verarbeiten immer mehr Bauern zumindest die frühen und späten Schnitte der Wiesen, die zu unsicheren Wetterlagen produziert werden, zu Silage oder Heulage.

wichtig

Siliertes Futter ist für Pferde grundsätzlich ungeeignet.

Beim Silierungsprozess handelt es sich um eine Milchsäuregärung, ähnlich wie bei der Herstellung von Sauerkraut. Dabei spielt es keine Rolle, ob das Produkt Silage oder Heulage ist, bei beiden findet eine Milchsäuregärung statt. Damit diese richtig ablaufen kann, ist kompletter Luftabschluss, ein hoher Gehalt an Protein und Zucker und genügend Feuchtigkeit notwendig, damit die Milchsäurebakterien sich schnell vermehren und ein pH-Wert von 5 erreicht wird. Erst dann tritt die sogenannte Keimruhe ein, Schimmelpilze oder andere Keime können nicht mehr wachsen. Das ist bei der Herstellung von „Kuhsilage" aus jungem Gras mit hohem Feuchtegehalt auch gut möglich

Bei der in den letzten Jahren immer beliebter werdenden Heulage gibt es jedoch einige Herstellungsprobleme: Das stängelige Gras hat einen hohen Rohfaseranteil und einen re-

Die Herstellung von Heulage für die Pferdefütterng nimmt in den letzten Jahren konstant zu, ebenso wie das Auftreten von Stoffwechselkrankheiten.

chenden Vergiftung und erheblichen Stoffwechselbelastung, wenn man den Schimmelbefall nicht bemerkt. Aber das ist schwierig, weil Heulage durch die Restfeuchte nicht staubt und der säuerliche Geruch den Schimmelmuff überdeckt. Sicherheit gibt eine Laboruntersuchung auf Keimbelastung.

Bei der Fütterung von Heulage gelangen jedoch im Vergleich zu Heu immer noch sehr große Mengen Milchsäurebakterien in den ganzen Verdauungstrakt – vor allem den Darm, wo sie nicht hingehören und das Darmmilieu verschieben: Es kommt zu einer Ansäuerung des Dünn- und Dickdarms und in Folge zu Darmschleimhautentzündungen. Kotwasser oder Durchfälle sind häufig das sichtbare Symptom neben sauer stinkendem Kot. Gleichzeitig werden durch den sauren pH-Wert die lebensnotwendigen Darmsymbionten abgetötet.

Stattdessen siedeln sich Milchsäurebakterien im Darm an, die zwar die Kohlenhydrate und Proteine aus dem Heu verdauen, aber nicht als Zucker für das Pferd zur Verfügung stellen, sondern als Milchsäure. Auch die Zellulose wird nicht mehr verwertet, weil die Milchsäurebakterien sie nicht verdauen können. Die Milchsäure gelangt über die Darmschleimhaut in den Stoffwechsel des Pferdes, kann aber nicht zur Energiegewinnung genutzt werden. Sie muss zunächst in der Leber herausgefiltert und unter Sauerstoffverbrauch in Glukose umgewandelt werden.

Das Argument, dass Heulage „vorverdaut" ist und die Pferdeverdauung entlastet, dreht sich somit in der Praxis um: Die Milchsäurebakterien verwandeln alle leicht verdaulichen Bestandteile in Milchsäure und verhindern durch

lativ niedrigen Protein- und Zuckergehalt, bietet damit nur wenig Nahrungsgrundlage für die Milchsäurebakterien. Diese vermehren sich relativ langsam und der pH von 5 wird erst spät oder überhaupt nicht erreicht. Die sperrigen Stängel verhindern außerdem einen vollständigen Luftabschluss im Ballen. Insgesamt ist damit das Wachstum von Schimmelpilzen in Heulage garantiert. Schimmelpilze produzieren neben Antibiotika auch Mykotoxine, die für das Pferd giftig sind. Es kommt zu einer schlei-

Fütterung von Heulage ... hat für die Pferdegesundheit dramatische Folgen:

- Schlechte Kohlenhydratausbeute, da Zellulose nicht mehr verdaut wird und Milchsäure statt Glukose aus dem Darm aufgenommen wird. Es folgt Energiemangel.
- Übersäuerung des Darms und des Bindegewebes durch die in großen Mengen aufgenommene Milchsäure, was die Pferde meist rund und gut genährt aussehen lässt – faktisch sind sie lymphatisch aufgeschwemmt, weil der Körper versucht, der Gewebeübersäuerung entgegenzuwirken.
- Darmschleimhautentzündung durch zu niedrigen pH-Wert und damit Überlastung des Immunsystems mit den Folgen Kotwasser, Allergien, Futtermittelunverträglichkeiten und Infektionsanfälligkeit.
- Belastung von Leber und Niere durch abgetötete Darmsymbionten, Mykotoxine aus Schimmelbefall und Milchsäure.
- Vitaminmangel durch die zerstörte Darmflora. Vor allem der Mangel an aktivem Vitamin B_6 und später auch B_{12} kann zu erheblichen Stoffwechselstörungen führen.
- Müdigkeit und Leistungsabfall durch fehlende Energieversorgung aus Zellulose, die meist mit erhöhten Kraftfuttergaben kompensiert werden, die wiederum die Milchsäurebakterien nähren.
- Entstehung von Krankheiten, wie Durchfall, Ekzeme, Hufrehe, angelaufene Beine, Lymphpolster an Flanken und Hals, Strahlfäule, Dämpfigkeit bis hin zu Koliken.

Abtöten der Darmflora die Verdauung von Zellulose. Zwar nimmt der Energiegehalt durch die Silierung insgesamt zu. Aber diese Energieform ist für das Pferd ungesund, da sie aus bakteriellen Proteinen, Restzuckern und Milchsäure besteht statt aus Stärke und Strukturkohlenhydraten. Damit ist Heulage eigentlich nicht mehr als Raufutter zu bezeichnen, da Pferde mit ihrer Fütterung die Fähigkeit verlieren, Strukturkohlenhydrate zu verdauen. Auch der Proteingehalt in Heulage ist höher im Vergleich zu Heu, nur handelt es sich um die bakteriellen Proteine der Milchsäurebakterien. Der pflanzliche Proteingehalt wird nicht gesteigert.

Obwohl also die Energie- und Proteinwerte verlockend aussehen, ist die Energie aus Heulage für das Pferd eher schädlich.

Milchsäurebakterien liefern dem Pferd darüber hinaus keine B- und K-Vitamine, sodass das Pferd mittelfristig in einen Vitaminmangelzustand gerät. Vor allem das Fehlen der B-Vitamine hat erhebliche Auswirkungen auf das ganze Stoffwechselgeschehen und begünstigt das Auftreten der Entgiftungsstörung Kryptopyrrolurie.

Auch Listeriose-Infektionen und Botulismus gehören zu den problematischen Aspekten der Heulage. Botulismus ist eine meist tödlich verlaufende Vergiftung mit Leichengift. Die dafür verantwortlichen Clostridienbakterien geraten vor allem durch tote Mäuse oder Rehkitze in die Heulageballen und können sich im warmen, feuchten Milieu ausbreiten. Tote Mäuse im Heu fallen durch das mehrfache Wenden während der Trocknung meist zu Boden und geraten gar nicht erst in die Ballen. Wenn doch, sind sie meist durchgetrocknet und können im trockenen Heu keinen Schaden mehr anrichten. Sowohl in Deutschland als auch in Österreich und England ist es bereits zu mehreren Todesfällen durch Botulismus nach Heulagefütterung gekommen.

Stroh

Stroh ist neben Einstreu auch ein Futtermittel. Es ist reich an Rohfaser, vor allem an Lignin, das beim Pferd ähnlich wie ein Ballaststoff wirkt, und es enthält wenig Protein. Das Stroh muss – egal ob als Einstreu oder als Futter – immer sauber und frei von grauen Be-

lägen sein. Insgesamt graues oder staubiges Stroh weist auf Schimmelbefall hin und ist wegen der allergenen Belastung für die Atemwege auch als Einstreu nicht geeignet. Stroh ist praktisch nie ganz schimmelfrei und dazu meist belastet mit Spritzmitteln wie Herbiziden und Halmverkürzern, die für Pferde schlecht verträglich sind. Hier lohnt sich die Anschaffung von Biostroh als Futterstroh, weil die Belastung deutlich geringer ist. Stroh kann mit ein bis zwei Kilogramm zusätzlich zur Heuration gefüttert werden. Es wirkt regulierend auf die Darmmotorik und damit auf die Fermentierung im Dickdarm und beugt Holzfressen an Boxen- oder Stallwänden sowie Anbindebalken vor. Große Strohmengen, vor allem bei sparsamer Heufütterung, können aber zu Verstopfungskoliken führen und verändern langfristig gefüttert die Darmflora. Daher sollte Stroh zusätzlich zum Heu, aber nicht ausschließlich gefüttert werden. Es ist auch nicht als alleiniges Diätfuttermittel für dicke oder Robustpferde geeignet. Die Pferde geraten dadurch mit der Zeit in eine Mangelernährung. Sollte Stroh nicht in ausreichender Qualität zur Verfügung stehen, kann man dem Pferd alternativ Äste und Zweige von ungiftigen Sträuchern und Bäumen als Ligninquelle zum Knabbern geben.

Haferstroh ist für Pferde als Futterstroh am besten geeignet. Es enthält besonders viele Nährstoffe und hat das günstigste Ca:P-Verhältnis aller erhältlichen Strohsorten. Auf dem Misthaufen verrottet es am schnellsten. Pferde bevorzugen allerdings oft die stängelreichen Sorten wie Weizen- oder Gerstenstroh. Generell enthält Stroh mehr Natrium,

Reichlich Raufutter mit hohem Rohfasergehalt ist essentieller bestandteil jeder Pferdefütterung.

Chlor und Zink als Heu und ähnlich viel Eisen und Kupfer. Tragende Stuten ab dem siebten Monat und laktierende Stuten haben oft einen trägeren Darm. Sie sollten daher nicht zu viel Stroh, sondern eher stängeliges Heu fressen und Knabberäste zur Verfügung haben. Dasselbe gilt auch für ältere Pferde, die eine schlechtere Nährstoffverwertung haben. Stroh eignet sich vor allem im Frühjahr bei Weideaustrieb als Zusatzfutter. Das junge Gras liefert reichlich Eiweiß. Ein eventueller Überschuss wird mit Stroh ausgeglichen.

Luzerne (Alfalfa)

Die zu der Familie der Kleeartigen gehörende Luzerne wurde als die „Königin der Futterpflanzen" bezeichnet, da sie früher ausschließlich zur Futtergewinnung angebaut wurde. Sie stammt aus dem Vorderen und Mittleren Orient und kam über die Griechen und Römer und später über die Araber nach Spanien und so nach Europa. Es gibt heute verschiedene Zuchtformen der Luzerne. Daher ist beispielsweise in Amerika angebautes Alfalfa nicht mit der bei uns angebauten Luzerne vergleichbar, auch wenn sie zur selben Pflanzengattung gehört. Auch in Spanien wird andere Luzerne angebaut als in Deutschland. Aus diesem Grund kann man die Fütterung spanischer Pferde nicht eins zu eins auf unsere Verhältnisse übertragen.

Luzerne gehört – wie alle Kleeartigen – zu den Leguminosen. Diese Pflanzen sind in der Lage, rund um ihre Wurzeln Knöllchenbakterien anzusiedeln, die Stickstoff aus dem Boden für die Pflanze verfügbar machen. Daher enthalten alle Klee- und damit auch Luzernearten viel Protein, weil ihnen mehr Stickstoff zur Verfügung steht als anderen Pflanzen. Im Schnitt enthält Luzerne etwa 20 Prozent Rohprotein, im Vergleich dazu enthält Heu nur 7–15 Prozent, je nach Erntezeitpunkt. Die hohen Proteinwerte können allerdings bei manchen Pferden Hufrehe auslösen. Der hohe Proteingehalt ist der Grund, warum Luzerne gern bei der Fütterung von Sportpferden oder laktierenden Zuchtstuten empfohlen wird. Luzerne wird in der Regel nach der Ernte heißluftgetrocknet und unterschiedlich stark gehäckselt in Folie verpackt verkauft. Auch viele Kraft- und Krippenfutter enthalten Luzerne, entweder als „Struktur", also deutlich sichtbare grüne Stängel, oder als Grünmehl. In der Fütterung sollte Luzerne möglichst als ganze Pflanze eingesetzt werden, nicht gehäckselt oder vermahlen, um die natürliche Verdauung zu gewährleisten.

Luzerne wird von Pferden gern gefressen, hat einen hohen Zellulosegehalt und ein relativ gutes Calcium-Phosphor-Verhältnis von 4 : 1. Sie enthält außerdem größere Mengen ß-Carotin, Vitamin E und Vitamine des B-Komplexes. Das Aminosäuremuster ist nicht unbedingt für den Muskelaufbau geeignet, da vor allem Lysin, Methionin und Threonin in eher geringen Mengen vorhanden sind, verglichen mit der Summe der anderen Aminosäuren. Laktierende Stuten profitieren jedoch oft von der Zufütterung mit Luzerne, um den erhöhten Eiweißbedarf der Milch zu decken. Aufgrund ihres Nährwerts an Proteinen sollte man Luzerne etwa dosieren wie Kraftfutter und auf keinen Fall ad libitum füttern, trotz des hohen Zelluloseanteils.

Kraftfutter

Unter Kraftfutter versteht man Getreidesorten sowie daraus hergestellte pelletierte Kraftfutter und Mischungen wie Müslis. Dabei muss man beachten, dass nicht jede Getreidesorte für die Pferdefütterung geeignet ist. Allen Kraftfuttern gemein ist ihr hoher Energiegehalt. Der Anteil an Protein, Fett und anderen Nährstoffen kann variieren. Fast alle Kraftfutterarten haben ein ungünstiges Calcium-Phosphor-Verhältnis. Sie haben einen geringen Rohfaseranteil und geringen Strukturwert, weshalb zu Kraftfutter immer unbedingt die Zufütterung von Raufutter gehört. Der Zusatz von „Struktur" oder Grünmehlen zum Kraftfutter ersetzt keine Raufuttermahlzeit, und Studien haben gezeigt, dass die Fresszeit nicht signifikant verlängert wird. Vielmehr stören diese Zusätze eher die Verdauung. Optimal ist die Fütterung von Raufutter mindestens 30 Minuten vor dem Kraftfutter, um die Nährstoffausbeute aus dem Kraftfutter zu optimieren. Mischfutter, die wenig Getreide, dafür aber

| Getreide in Ähre | Korn im Spelz | Nach dem Dreschen ohne Spelz | Nach dem Walzen |

Getreide wird durch den Dreschvorgang bei der Ernte von seiner Spelzhülle befreit.

überwiegend Grünmehle und Nebenprodukte wie Apfeltrester, Weizenkleie, Rübenschnitzel und Ähnliches enthalten, bezeichnet man als Krippenfutter. Sie sind keine Kraftfutter, da sie dem Pferd keine schnelle Energie für die Arbeit liefern.

Eine Überfütterung mit Kraftfutter, zum Beispiel oft in Turnierställen, richtet mehr Schaden an als eine mögliche Unterfütterung. Bei Fütterung von zu großen Kraftfuttermengen sowie von unverträglichen Futterbestandteilen kommt es leicht zu einer Schädigung der Darmflora. Insbesondere der Stärkeanteil im Kraftfutter muss so zusammengesetzt und in der Menge dosiert sein, dass keine Stärke in den Dickdarm gelangt. Sonst wuchern hier Bakterien und Pilze, die normalerweise nur in sehr geringen Mengen im Dickdarm vorkommen. Damit wird auch die Darmwand in ihrer Barrierefunktion beeinträchtigt, und Krankheitskeime sowie Säuren können in den Stoffwechsel gelangen und Krankheiten wie Hufrehe auslösen. Selbst wenn die Übersäuerung nur zu einer leichten, aber latenten Schädigung der Darmflora oder der Darmwand führt, beeinträchtigt dieses den Gesundheitszustand erheblich, da nicht nur die Vitaminsynthese, sondern auch die Nährstoffresorption aus der Grundnahrung gestört und behindert wird.

Unter Getreide versteht man die Samen von Süßgräsern, die vom Menschen kultiviert werden. Getreide besteht immer aus einem Mehlkörper, der vor allem Stärke und in geringen Mengen auch Eiweiß enthält, sowie dem Keimling, der sehr fetthaltig ist. Das Ganze ist umgeben von einer Samenschale und der Fruchtwand sowie der den Mehlkörper umhüllenden Aleuronschicht, die wir auch als Kleie im Futter finden. Das Korn ist umschlossen von der Spelze, die bei manchen Getreiden in einem langen Haar, der Granne, endet. Das Eiweiß aus Getreide wird allgemein als Kleber bezeichnet. Jede Getreideart hat aber ihre ganz eigenen Eiweißsorten, die unterschiedlich gut verträglich sind. Bei der Ernte werden Getreide gedroschen und die Körner aus der Ähre gelöst. Einige werden noch weiterverarbeitet, wie die Gerste, die das nackte Korn ohne Spelzhülle darstellt. Beim Hafer ist die Vorspelzhülle noch erhalten, erst der Nackthafer stellt die komplett geschälte Version dar.

Spelzen verschiedener Getreide sind unterschiedlich gut verdaulich für das Pferd. Während die Vorspelzen vom Hafer sehr weich und gut verdaulich sind, sind alle anderen Getreidearten immer entspelzt zu füttern. Deren Spelzen führen nachweislich zu mechanischen Reizungen und damit Entzündungen der Magen- und Darmschleimhäute. Bei der Weiterverarbeitung von Getreide zu Mehl wird die Aleuronschicht abgelöst und als Kleie abgetrennt. Kleie ist also nur Schale ohne Mehlkörper und wird traditionell im Mash verfüttert, weil sie leicht verdaulich ist und die Darmmotorik anregt. Der Keimling des Korns enthält wertvolle Ölsäuren, deren Anteile sich je nach

Getreide stark unterscheiden. Getreide wird einzeln als ganzes Korn oder gequetscht gefüttert, in Mischfuttern meist vorbehandelt durch Hitze, Druck oder Wasserdampf, was als geflocktes, extrudiertes oder hydrothermisch aufgeschlossenes Getreide bezeichnet wird. Diese Vorbehandlung bewirkt ein Aufbrechen der komplexen Stärke- und Proteinmoleküle in kleine Bruchstücke, die schneller von den Verdauungsenzymen zerlegt und aufgenommen werden. Aus Stärke wird damit schneller Zucker. Die traditionellen Getreide in der Pferdefütterung sind Hafer in Mitteleuropa und Gerste in Spanien und den arabischen Ländern. In den USA füttert man außerdem Mais, da Hafer- und Gerstenanbau dort kaum eine Rolle spielen. In Mischfuttern findet man aber auch andere Getreidearten, wie Weizen, Dinkel oder Triticale.

Hafer

Hafer ist das traditionelle Korn in unserer Pferdefütterung. Er ist energiereich und relativ proteinarm, enthält einen hohen Anteil an wertvollen, ungesättigten Fettsäuren sowie Schleimstoffe, sodass er sehr gut verdaulich ist. Das Aminosäuremuster des Hafers ist für Pferde unausgeglichen und bei einer reinen Haferfütterung zu Heu kann es – je nach Anforderungen an das Pferd und Qualität des Heus – notwendig sein, Aminosäuren zu ergänzen. Die Stärke des Hafers ist leicht verdaulich und wird schnell in Energie und damit in Bewegung und Wärme umgesetzt. Die Fettsäuren wirken sich positiv auf das Fell aus, und die Schleimstoffe machen ihn auch zum bevorzugten Getreide für

Pferde, die zu Verstopfungskoliken neigen. Hafer hat darüber hinaus einen natürlichen hohen Rohfaseranteil, da er in seiner Vorspelze verfüttert wird. Seine Samenschale besitzt einen relativ hohen Mineralgehalt. Das Haferkorn ist weich und kann vom Pferd gut gekaut werden. Diese positiven Eigenschaften machen Hafer zu einem erstklassigen Futter im Leistungssport, sowohl für Renn- als auch für Turnierpferde. Hafer wird auch eine antidepressive Wirkung nachgesagt. Allerdings sollte man auf die Hafermenge achten, damit die Pferde nicht zu lustig werden.

Einige Pferde – und dazu gehören insbesondere Robustrassen, Barockpferde und Pferde aus den Araberlinien – verstoffwechseln Hafer allerdings unsauber. Sie bilden Fuselalkohole, die die Leber belasten und „zu Kopfe steigen". Bei diesen Pferden „sticht" der Hafer. Der Stoffwechsel dieser Pferde ist durch ihre Herkunft in der Regel nicht auf dieses hochenergetische Futter ausgelegt. Haferunverträglichkeit kann sich außerdem äußern in Hautausschlägen wie Nesselfieber oder in dunklen Fellflecken, die vor allem bei Füchsen und im Kruppenbereich auftreten.

Hafer ist eines der besten Getreide in der Pferdefütterung.

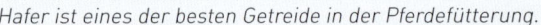

Die Qualität des Hafers schwankt sehr stark. Die tiefe Spelzfalte und der späte Erntezeitpunkt machen Hafer anfällig für Schimmel. Diesen erkennt man daran, dass die Körner nicht geschlossen und gelb glänzend aussehen, sondern stumpf, mit ausgefransten grauen Enden. Bei starkem Befall riecht der Hafer muffig und staubt. Schimmeliger Hafer darf nicht verfüttert werden. Schimmelbefall von Gelbhafer sollte nicht verwechselt werden mit der dunklen Färbung von Schwarzhafer. Dieser sieht zwar dunkelbraun aus, ist aber auch glänzend und riecht angenehm. Das Haferkorn muss voll und gut geschlossen sein. Lose, abstehende Spelzen, Verunreinigungen im Hafer mit Erde, Pellets, Raps oder anderen Getreidesorten weisen auf schlechte Qualität hin. Die Qualität in Bezug auf den Energiegehalt wird beim Hafer über das Litergewicht bestimmt. Dafür füllt man ein Litermaß mit Hafer und wiegt das Nettogewicht. Hafer sollte ein Litergewicht von mehr als 600 g/l haben. Sinkt das Gewicht unter 550 g/l, ist der Anteil an Protein und Spelzen zu hoch und der Anteil an verdaulicher Energie zu gering.

Hafer wird üblicherweise ganz oder gequetscht verfüttert, die Verdaulichkeit des Hafers nimmt durch Quetschung um circa 10 Prozent zu. Allerdings verdirbt gequetschtes Korn schneller, die ungesättigten Ölsäuren kommen durch die Quetschung mit Luft in Berührung und werden ranzig. Daher ist gequetschter Hafer – im Gegensatz zum ganzen Korn – nicht lagerfähig. Quetschhafer ist sehr gut geeignet für alte Pferde, für Pferde mit Zahnproblemen und nach Koliken. Nackthafer verliert bei der Ernte seine Vorspelze und ist daher weniger staubend und seltener mit Schimmel befallen. Er hat einen höheren Energie-, Öl- und Proteingehalt als traditioneller Hafer und liefert circa 30 Prozent mehr Energie. Er setzt die Energie langsamer frei und ist daher besser verträglich für den Blutzuckerspiegel. Da er 25–50 Prozent weniger wiegt als Normalhafer, ist bei der Umstellung der Fütterung Vorsicht geboten: Die Menge muss um ein Viertel bis die Hälfte reduziert werden. Schwarzhafer hat ein feinspelziges, wenig ballastreiches Korn und ist wegen des niedrigeren Rohfasergehalts verdaulicher als gelber Hafer. Von der Nährstoffzusammensetzung unterscheidet er sich nicht. Man findet ihn vorwiegend im Rennsport und bei anderen Leistungssportpferden.

Umstellung auf Hafer

Bei der Umstellung von Mischfuttern zu Haferfütterung muss darauf geachtet werden, dass die Menge reduziert wird. Als Faustregel gilt, dass ein Liter Mischfutter mit einem halben bis einem dreiviertel Liter Hafer ersetzt werden kann. Im Zweifelsfall lieber mit einer geringeren Menge anfangen und langsam steigern, damit es keine bösen Überraschungen durch ein zu energiegeladenes Pferd gibt.

Gerste liefert langsame Energie für den Stoffwechsel, darf aber nie als ganzes Korn, sondern nur gequetscht oder gewalzt verfüttert werden.

Gerste

Die Gerste wurde schon von den Ägyptern angebaut und ist vermutlich die älteste kultivierte Getreideart. Sie ist das traditionelle Pferdefutter des Orients. Mit den Arabern kam sie auch nach Spanien und wurde dort zum bevorzugten Futter für die spanischen und portugiesischen Pferderassen. In diesen Ländern wird oft Gerste mit Heu und Luzerne gefüttert mit hervorragenden Ergebnissen in Bezug auf Gesundheit, Stoffwechsel und Leistung. Bei uns wurde Gerste lange Zeit als Futter vernachlässigt, und es halten sich hartnäckig Gerüchte, dass Gerste zu Kolik oder Hufrehe führt. Dieses Vorurteil kann in der Praxis nicht bestätigt werden, solange die Umstellung auf die Gerstenfütterung langsam erfolgt, das Korn gequetscht und in dosierter Menge gefüttert wird. Gerste ist energiereich und proteinarm, sie weist ein noch günstigeres Protein-Energie-Verhältnis auf als Hafer. Gerste ist rohfaserarm und hat ein ausgeglicheneres Aminosäuremuster als Hafer, muss aber in der Regel mit essenziellen Fettsäuren ergänzt werden.

Die Energie der Gerste fließt langsamer in den Stoffwechsel des Pferdes ein als beim Hafer, wird also später im Dünndarm verdaut. Daher dürfen pro Mahlzeit nicht zu große Mengen gefüttert werden, sonst gelangt die Stärke in den Dickdarm. Aus diesem Grund macht Gerste aber auch weniger „kernig" als Hafer, gibt aber ebenso viel Energie. Durch die langsame Energie und das gute Proteinmuster setzen die Pferde eher Muskeln an und entwickeln leichter Tragkraft. Wird die Energie nicht umgesetzt, belasten die Proteine im Stoffwechsel die Niere allerdings stärker als beim Hafer.

Gerste gilt allgemein als das Allroundgetreide für gemischte Pferdebestände, da sie sowohl von Hochleistungspferden als auch von normal arbeitenden Pferden sowie von Arabern, Barockpferden, Robustpferden und Kaltblütern vertragen wird. Einzige Ausnahme sind aktive Rennpferde, die einen höheren Anteil an „schneller Energie" benötigen, die von der Gerste nicht geliefert wird. Daher überwiegt in Rennställen die Haferfütterung, wobei Gerste häufig für die Langstreckenläufer zusätzlich zum Hafer gegeben wird.

Das Korn wird bei der Ernte komplett von seinem Spelz getrennt. Es ist in der Form eher rund-oval im Vergleich zum länglichen Hafer und goldgelb. Gerstenkörner sind sehr hart und werden von den Pferden ungern gekaut. Gerste muss daher gequetscht oder gewalzt verfüttert werden. Dadurch nimmt auch die Verdaulichkeit um 15 Prozent zu. Durch den geringen Gehalt an ungesättigten Fettsäuren wird gequetschte Gerste bei der Lagerung nicht so leicht ranzig. Allerdings kann es vor allem bei warmem Wetter zu Milbenbefall kommen, wenn sie zu lange lagert. Von einer Flockung der Gerste ist Abstand zu nehmen, da die Flockung zur Denaturierung einiger Bestandteile führt und das Allergiepotenzial für Pferde erhöht. Außerdem wird durch die Flockung die Gerstenstärke aufgebrochen und dadurch sehr schnell im Dünndarm zu Zucker umgewandelt. Auch eine Schrotung ist nicht ratsam, da Gerstenschrot trocken verfüttert zu Magensteinen führen kann. Wird Gerste als ganzes Korn gefüttert, können unzerkaut geschluckte Körner im Dünndarm zu Krampfkoliken führen. Wird das Futter von einem Tag zum anderen auf Gerste umgestellt, so wird die Stärke oft nicht ausreichend verdaut, und das kann zu Hufreheschüben führen.

Damit wird deutlich, dass alle Gerüchte, die sich um die Schädlichkeit von Gerste ranken, von Fütterungsfehlern verursacht sind. Stellt man das Pferd über einen Zeitraum von zwei bis vier Wochen von seinem bisherigen Kraftfutter auf gequetschte Gerste um und beachtet die Reduktion der Gesamtration, so kommt es zu keiner der genannten Krankheiten.

Auch Gerste muss selbstverständlich frei von Schimmelbefall, Milben und anderen Krankheiten sein. Graue Beläge oder muffiger Geruch deuten auf Verderb hin. Das Litergewicht hat nicht die gleiche Bedeutung wie beim Hafer, sollte für die ungequetschte Gerste aber über 600 Gramm pro Liter liegen. Gerste ist für Pferde sehr energiereich. Das muss bei der Umstellung von anderen Futtern auf Gerste beachtet werden. Als Faustregel gilt, dass ein Kilogramm Hafer mit 900 Gramm Gerste ersetzt werden kann. Bei Umstellung von fertigen Mischfuttern muss die Ration um bis die Hälfte gekürzt werden, da Gerste

wesentlich hochwertiger ist. Die Gesamtmenge an Gerste pro Tag sollte vier Liter für Hochleistungspferde nicht übersteigen. Freizeitpferden reichen ein viertel bis ein halber Liter Gerste pro Tag aus, um ihren zusätzlichen Energiebedarf zur heuration zu decken. Außerdem sollte Gerste auf möglichst viele kleine Mahlzeiten aufgeteilt werden. Futterautomaten oder das Streuen der Gerste über das Heu verlängern die Aufnahmezeit, erhöhen die Verdaulichkeit und reduzieren Stoffwechselstress.

Mais

Mit Christoph Kolumbus kamen neben Kartoffeln und Tomaten auch Maispflanzen nach Europa und wurden zunächst als Zierpflanzen angebaut. In den USA wird Mais viel in der Pferdefütterung eingesetzt, zumal dort der Anbau von Hafer und Gerste nicht die Tradition hat wie in Europa. In den USA wird aber insgesamt weniger Kraftfutter und mehr Raufutter gefüttert als bei uns. Mais enthält im Wesentlichen Stärke. Der Proteinanteil ist gering und die Proteine von minderwertiger Qualität. Daher sollte Maiskleber auch nicht ins Pferdefutter gelangen. Mais enthält im We-

Mais als Maisflocke ist in Mischfuttern sehr beliebt, sollte aber aufgrund des hohen Zuckergehalts nur in Maßen eingesetzt werden.

sentlichen schwer verdauliche Stärke, die ohne thermischen Aufschluss in den Dickdarm gelangt und dort zu erheblichen Störungen der Darmflora führt. Durch die Flockung wird diese Stärke aufgeschlossen, sodass sie sehr leicht verdaulich wird und direkt in den Blutzucker eingeht. Der Mineralstoffgehalt von Mais ist zu vernachlässigen. Mais hat zudem einen Mangel an essenziellen Fettsäuren und ist sehr häufig durch Schimmel belastet, der allerdings mit dem bloßen Auge nicht so leicht erkennbar ist wie bei Gerste oder Hafer.

Da Mais thermisch aufgeschlossen sehr schnell Energie liefert, wird er sofort in Bewegung umgesetzt. Insofern ist geflockter Mais vergleichbar mit Traubenzucker beim Menschen. Da die großen Zuckermengen in der Regel nicht sauber zu Energie verstoffwechselt werden können, findet ein unsauberer Abbau zu Milchsäuren statt, die im Bindegewebe eingelagert werden.

wichtig

Die Pferde nehmen bei Maisfütterung sehr schnell zu, aber keine Muskelmasse – dafür liefert Mais nicht die notwendigen Proteine –, sondern Wasser im Bindegewebe.

Mais wird üblicherweise als Maisflocke in Rationen zum Erhaltungsbedarf und für normal arbeitende Pferde bis zu einer Menge von 15 Prozent den Mischfuttern beigemischt. Bei Maisfütterung kann es zu angelaufenen Beinen, zu Sehnenproblemen, Allergien und Störungen des Allgemeinbefindens und der Leistungsfähigkeit kommen.

Mais wird als ganzes Korn, als gebrochenes Korn oder als Maisflocke verfüttert. Von der Verfütterung von ganzem und gebrochenem Mais sollte Abstand genommen werden, da dieser von den Pferden nicht gern gefressen wird, die Stärke zu schwer verdaulich ist und größtenteils in den Dickdarm gelangt. Immer mehr Bauern stellen Pferde ein und versuchen, die Maissilage, die sie für ihre Kühe produzieren, auch an Pferde zu verfüttern. Für Maissilage wird die ganze Pflanze inklusive der Kolben am Ende der Reifungsperiode zerhäckselt und siliert. Wegen der Probleme silierten Futters mit hohen Anteilen von Milchsäurebakterien und Säure, die Darmstörungen verursachen, sollte von Maissilagefütterung unbedingt Abstand genommen werden. Die Pferde reagieren meist mit angelaufenen Beinen, Ödemen, Müdigkeit und Hautproblemen wie Mauke oder Ekzem.

Mais ist somit als Grundlage für das Kraftfutter nicht geeignet, kann aber unter Umständen als Beimengung von 10–15 Prozent zu Gerste oder Hafer nützlich sein, wenn Pferde ohne ersichtlichen Grund schlecht fressen. Die häufig nach Maisfütterung schnell sichtbare Gewichtszunahme ist jedoch kein Muskelaufbau, sondern ein Zeichen für Übersäuerung und vermehrte Wassereinlagerung im Bindegewebe. In dem Fall muss der Maisanteil unbedingt reduziert werden.

Dinkel

Dinkel ist ein Vorfahre des Weizens und kommt aus Südwestasien. Noch im vorigen Jahrhundert war er die am häufigsten angebaute

Weizenart in Europa, wegen seiner schwankenden Erträge ist er aber auf dem Rückzug. Dinkel ist hochwüchsig und wenig standfest. Daher ist Dinkelstroh praktisch immer mit Halmverkürzern gespritzt. Er hat einen besonders hohen Proteingehalt und enthält viele Vitamine der B-Gruppe, Vitamin A und E sowie Mineralstoffe. Die Proteinzusammensetzung unterscheidet sich von der des Weizens.

Als Futtermittel ist Dinkel sehr umstritten. Dinkelspelzen sind für Pferde schwer verdaulich und können zu Schleimhautreizungen und Koliken führen. Pferde fressen sie im Allgemeinen auch ungern. Daher werden sie häufig stark mit Melasse versetzt, um sie schmackhafter zu machen. Das wiederum kann dazu führen, dass die Pferde die Spelzen weniger zerkaut schlucken. Zum anderen wird diskutiert, dass auch das Klebereiweiß aus Dinkel Magenschleimhautentzündungen und Hufrehe auslösen könnte, ähnlich wie bei Weizen. Befürworter halten dagegen, dass sich die Proteine des Dinkels hinreichend von denen des Weizens unterscheiden, sodass gerade Pferde, die auf das Protein von anderen Getreidesorten allergisch reagieren, Dinkel sehr gut vertragen würden. Ursprüngliche Dinkelarten, wie sie oft von Biobauern angebaut werden, führen tatsächlich bei Getreideallergikern oft zu positiven Ergebnissen. Auf den modernen Hochleistungsdinkel reagieren viele Pferde aber nach einiger Zeit mit Unverträglichkeit. Er ist als Futter nicht geeignet. Wenn ein Pferd keine Allergien auf Hafer oder Gerste hat – und diese sind in der Praxis extrem selten und häufig nur die Folge eines entzündeten Darms –, gibt es keinen Grund, warum Dinkel gefüttert werden sollte. Mit seinem sehr hohen Proteingehalt belastet er auch eher die Niere, vor allem wenn die Pferde nicht im Sport gehen.

Roggen

Roggen ist die jüngste vom Menschen kultivierte Getreidesorte und wuchs anfangs als Unkraut auf Weizenfeldern. Roggen ist für die Pferdefütterung absolut nicht geeignet, da er ein unverträgliches Klebereiweiß enthält, das zu Magenschleimhautentzündungen, Hufrehe und Koliken führen kann, somit potenziell lebensgefährlich ist für das Pferd. Außerdem enthält Roggen Nicht-Stärke-Polysaccharide (NSP), vor allem Pentosane, die kaum verdaulich sind, dem Pferd erhebliche Magen-Darm-Probleme bereiten und Ursache für Koliken sein können.

Die Fütterung von Roggen ist – auch in winzigen Mengen in Mischfuttern oder als Roggenbrot – durchweg abzulehnen.

Weizen

Weizen ist das älteste Kulturgetreide und bestand früher aus den drei Arten Einkorn, Emmer und Dinkel. Aus diesen wurden die heute bekannten Weizensorten gezüchtet. In der Pferdefütterung gelten für Weizen ähnliche

Probleme wie für Roggen. Auch das Klebereiweiß aus Weizen kann von Pferden nicht richtig verstoffwechselt werden. Es verkleistert den Magen-Darm-Trakt und kann zu Magen- und Darmschleimhautentzündungen und Hufrehe führen. Auch der Aufschluss des Weizens durch Extrusion kann dieses Problem nicht beheben. Dadurch steigt nur das Allergierisiko durch denaturierte Proteine.

Weizen gehört nicht in die Pferdefütterung, auch wenn seine Nährwerte verlockend aussehen.

Trotzdem findet man Weizen immer häufiger in fertigen Mischfuttern, zum Teil mit erheblichen Anteilen und oft mehrfach deklariert. Insbesondere in den „haferfreien" Mischfuttern, die gern an Freizeitpferde gefüttert werden, findet man einen hohen Weizenanteil. Häufig findet man in Mischfuttern auch Weizengrieß oder Weizengrießkleie, die beim Vermahlen des Weizenkorns zu Mehl entstehen. Diese Abfälle aus der Mehlproduktion enthalten noch in erheblichem Maß Weizenmehl und sind daher als Grundfutter nicht geeignet. Lediglich Weizenkleie kann in der Pferdefütterung als diätisches Futtermittel beispielsweise im Mash eingesetzt werden, da hier keine Mehlrückstände enthalten sind.

Triticale

Triticale ist eine ganz neue Getreideart, die aus der Kreuzung von Weizen (Triticum) mit Roggen (Secale) entstanden ist. Triticale verbindet die Anspruchslosigkeit des Roggens mit der Ertragssicherheit des Weizens. Da seine Backeigenschaften nicht besonders gut sind, hat er sich in der menschlichen Nahrungsmittelwirtschaft nicht durchgesetzt, sondern wird zum großen Teil zu Biodiesel verarbeitet. Auch in der Pferdefütterung findet man Triticale immer häufiger in Mischfuttern. Die wenigsten Pferdebesitzer kennen dieses Getreide und wissen, dass es die für das Pferd schlechten Eigenschaften von Roggen und Weizen in sich vereint. Außerdem neigt Triticale häufig zu Schimmelbefall und hat nur eine geringe Stärkeverdaulichkeit.

Hirse

Hirse ist eine der ältesten Getreidearten und auf der ganzen Welt verbreitet. Das Eiweiß aus Hirse ist für Pferde minderwertig, einige Aminosäuren fehlen vollständig. Die Stärke ist für Pferde schwer verdaulich. Obwohl Hirse zu den traditionellen Nahrungsmitteln auch bei uns gehört, wurde sie – ebenso wie Weizen und Roggen – nie in der Pferdefütterung eingesetzt, da sie für das Pferd minderwertig und schlecht verdaulich ist.

Reis

Reis gehört zu den wichtigsten Kulturpflanzen der Welt und stellt in weiten Teilen das Grundnahrungsmittel für die Bevölkerung dar. Nach dem Dreschen wird der Reis entspelzt und es entsteht Braunreis oder Naturreis. Die Aleuronschicht wird als Reiskleie bei der Produktion von weißem Reis abgetrennt. Die Nährstoffe sind in der Kleie und im Keimling enthalten. Das weiße Reiskorn enthält vor allem Reisstärke.

Reis findet sich – vor allem thermisch aufgeschlossen – immer häufiger in Fertigfuttern. Auch Reiskleien und Reiskeimöle werden gern im Pferdefutter verarbeitet und führen tatsächlich bei entsprechendem Training zu verstärktem Muskelaufbau. Das liegt am enthaltenen -Oryzanol, das auf der Dopingliste steht. -Oryzanol kommt hauptsächlich in der Reiskleie und im Reiskeimöl vor. Studien am Menschen konnten eine antioxidative Wirkung von Reiskleie nachweisen, die sich auf das -Oryzanol zurückführen lässt. Außerdem konnte gezeigt werden, dass Reis die Blutfettwerte beim Menschen senkt. Beim Pferd ist nichts über die Verstoffwechselung von -Oryzanol bekannt, aber ein kleiner Anteil Reiskleie im Futter über einen begrenzten Zeitraum im Training wirkt sich erfahrungsgemäß positiv auf die Muskelentwicklung aus.

Der Einsatz von exotischen Getreidesorten wie Reis oder Hirse in der Pferdefütterung ist fraglich, da er zwar das Bedürfnis der Marketingabteilungen nach Alleinstellungsmerkmalen befriedigt, aber nicht zu den natürlichen Futtersorten des Pferdes gehört. Auch in traditionellen Reisanbaugebieten wird Pferden kein Reis gefüttert. Die Auswirkung dieser Getreide auf den Pferdestoffwechsel ist noch nicht wissenschaftlich untersucht.

Mischfutter – Müslis und Pellets

Mischfutter sind praktisch für den Halter und den Stallbetrieb, weil mit einer Mahlzeit alle Nährstoffbedürfnisse des Pferdes abgegolten sein sollen. Sie sehen appetitlich aus, riechen gut und werden von den Pferden im Allgemeinen gut gefressen. Der Pferdehalter steht mittlerweile einer Vielzahl an Futtermitteln und Herstellern gegenüber. Da fällt die Auswahl schwer. Bei Mischfuttern ist grundsätzlich sehr genau auf die Zusammensetzung zu achten. Das appetitliche Aussehen hat zunächst nichts mit der Zusammensetzung zu tun. Beim Pferd isst das Auge nicht mit, leider aber oft das des Halters. Bunte Flocken, grüne Stängel und gelbe Körner, zusammen mit kleinen braunen Pellets, gaukeln dem Menschen optisch ein gesundes, reichhaltiges und leckeres Futter vor. Riechen die Müslis stark aromatisch nach Kräutern, sind ätherische Öle zugesetzt, die beim Pferd die Darm- und Atemwegsschleimhäute reizen. Damit die Futter gefressen werden, wird sehr vielen Müslis in größeren Mengen Melasse oder neuerdings Apfel- oder Karionsirup zugesetzt. Damit sind sie anfällig für Pilz- und Bakterienwachstum auf der Zuckerschicht und wegen der damit verbundenen allergenen und toxischen Belastung abzulehnen. Pellets – das haben mittlerweile Untersuchungen bestätigt – führen zu einer unphysiologischen Kaubewegung und sind daher

Mischfutter als Müslis oder pelletiert, ebenso wie getreidefreie „Krippenfutter" erfreuen sich immer größerer Beliebtheit unter Reitern und Stallbetrieben. (Foto: Anneke Bosse)

nicht optimal für Kiefergelenk und Zahnabrieb. Daher sollte man pelletierte Futter vermeiden. Getreide ist meist thermisch aufgeschlossen in Mischfuttern enthalten und wird dadurch angreifbar für Oxidation, Bakterien, Pilze und Milben. Damit das Futter nicht verdirbt, müssen Konservierungsmittel zugesetzt werden.

Dementsprechend muss man bei fertigen Kraftfuttermischungen sehr auf die Inhaltsstoffe achten. Sie sollten hauptsächlich aus Hafer und Gerste bestehen. Viele Bestandteile, die man in den Deklarationen findet, sind Abfallstoffe anderer Industrien und werden als Füllmittel oder Geschmacksverbesserer eingesetzt. Diese sollte man vermeiden. Alternativ kann man sich das Kraftfutter selbst zusammenmischen aus gequetschter Gerste, ganzem Hafer und nach Bedarf diätischen und Saftfuttermitteln. Auch diese Fütterung ist wenig aufwendig und man kann sie individuell an das jeweilige Pferd und sein Training anpassen.

Viele fertige Kraftfuttermischungen haben außerdem einen zu hohen Protein- und einen zu geringen Energiegehalt. Damit kommt man dem Bedürfnis der Pferdehalter entgegen, die viel Menge in der Futterkrippe sehen wollen,

aber gleichzeitig das Pferd nicht der Energiemenge entsprechend bewegen. Hier muss ein
Umdenken der Pferdehalter stattfinden: Kraftfutter gibt Kraft, und diese muss in Bewegung
umgesetzt werden.

*Ein Pferd, das die meiste Zeit herumsteht
und eine Stunde am Tag im Schritt und Trab
bewegt wird, leistet keine nennenswerte*

*Arbeit: Es benötigt keine großen Kraftfutter-
mengen. Der hohe Zucker- und Proteingehalt
belastet die Nieren und Krankheiten können
schleichend entstehen.*

Saftfutter

Saftfutter ist im Gegensatz zum Raufutter kein
essenzieller Bestandteil der Pferdemahlzeit,
wird jedoch von den Pferden gern gefressen.
Als ganze Karotten dem Kraftfutter zugesetzt,
verlangsamt es bei vielen Pferden die Futter-

Saftfutter ist eine gerne gefressene Abwechslung auf dem Speiseplan.

aufnahme und führt zu gründlicherem Einspeicheln. Als Belohnung ersetzt es Leckerli und es bietet eine Abwechslung auf dem Speiseplan, vor allem im Winter.

Äpfel

Äpfel sind ein tolles Belohnungsfuttermittel oder auch in kleinen Mengen als Beigabe zur normalen Futterration geeignet. Am besten schneidet man mittlere bis kleine Äpfel durch, damit sie nicht zur Schlundverstopfung führen. Ein bis zwei Äpfel pro Tag sind gut verdaulich und stören die Darmflora nicht maßgeblich. Größere Mengen führen zu Verschiebungen der Darmflora.

Bananen

Bananen haben einen hohe Zucker- und Säuregehalt. Von ihren sonstigen Nährwerten können sie vernachlässigt werden. Bananen sind nicht als regelmäßiges Futtermittel zu empfehlen, weil sie wie alle Obstsorten die Darmflora empfindlich stören. Ist die Pferdeverdauung gesund und ausgeglichen, kann eine Banane alle zwei bis drei Wochen problemlos als Belohnung gegeben werden. Bitte vorher die Schale entfernen, sie ist stark mit Spritzmitteln belastet. Hat das Pferd aber bereits mit einer geschädigten Darmflora zu tun, sollte man auf die Fütterung von Bananen komplett verzichten. Bananenschalen sollten so entsorgt werden, dass Pferde sie nicht aus dem Mistkübel angeln und fressen können.

Fütterung von Apfeltrester

Fertigfuttern ist häufig Apfeltrester in großen Mengen zugesetzt. Dabei handelt es sich um die Abfallstoffe aus der Apfelsaftherstellung, die in Deutschland jährlich mit bis zu 300 000 Tonnen anfallen und nicht sinnvoll verwertet werden können. Apfeltrester enthält überwiegend Kohlenhydrate in Form von Zucker, der im Dünndarm aufgenommen wird, und Pektinen, die im Dickdarm verdaut werden. Sie führen mit der Zeit zu Verschiebungen der Darmflora. Apfeltrester wird wegen seines Geschmacks von den Pferden gern gefressen. Von den Nährwerten liefert er aber keinen nennenswerten Beitrag zur Pferdefütterung.

Birnen

Auch Birnen werden von Pferden gern gefressen, in größeren Mengen verabreicht können sie jedoch Koliken auslösen. Mittlere bis kleine Birnen sollte man wieder durchschneiden, um Schlundverstopfung zu vermeiden, große Birnen kann man als ganze Frucht geben, damit die Pferde sie gründlich kauen. Ein bis zwei Birnen pro Tag über einen überschaubaren Zeitraum stellen bei Pferden mit ausgeglichenem Verdauungssystem kein Problem dar.

Karotten und Futtermöhren

Karotten und Futtermöhren in maßvoller Menge sind für Pferde geeignet und positiv. In großen Mengen bringen sie zu viel Zucker, zu viel Pektin sowie erhebliche Nitratbelastung aus Düngemitteln ins Pferd ein und wirken sich dann negativ auf die Pferdegesundheit aus. Nichts verdirbt so schnell wie gewaschene Karotten, daher verderben die in großen Säcken gelieferten Karotten meist schneller, als man sie verfüttern kann. Braune oder matschige Flecken weisen auf Schimmelbefall hin. Frost ebenso wie Wärme führen sehr schnell zu Schimmelbildung. Einmal gefrorene Karotten dürfen nicht mehr gefüttert werden, da durch das Frieren die Zellen aufplatzen und Inhaltsstoffe verändert werden: Das Allergierisiko steigt. Zeigen die Möhren nur die geringsten Anzeichen von Verderbnis, ist wegen der Kolik- und Hufrehegefahr von einer Verfütterung Abstand zu nehmen. Auch auf die Belastung von Möhren mit Düngern, Pflanzenschutzmitteln und anderen chemischen Stoffen ist zu achten. Hier empfiehlt es sich, auf Biokarotten auszuweichen, da diese weniger chemisch belastet sind. Karotten müssen frei von Erde sein und die grünen Köpfe sollten wegen ihres Blausäuregehalts vor der Fütterung entfernt werden.

wichtig

Kolikempfindliche Pferde sowie Pferde mit Durchfall oder Kotwasser sollten aus Sicherheitsgründen keine Karotten bekommen, da

Karotten beim Pferd leicht abführend wirken und es im Darm zu Fehlgärungen infolge Karottenfütterung kommen kann. Auch Hufrehepferde sollten wegen des hohen Zucker- und Nitratgehalts keine Karotten bekommen, sie verstärken die Hufrehe in den meisten Fällen.

Karotten fördern das Wachstum von Darmparasiten beim Pferd. Da bei reichlicher Karottenfütterung irgendwann Würmer ausgeschieden werden, hält sich hartnäckig das Gerücht, man könnte mit Karotten entwurmen – genau das Gegenteil ist der Fall.

Als Richtlinie gelten zwei bis drei Karotten pro Tag. Füttert man mehr, verschiebt sich die Darmflora. Von den Nährwerten spielen Karotten – bis auf das ß-Carotin, das im Winter gut das fehlende Grünfutter ausgleicht – keine Rolle in der Pferdefütterung. Sie ersetzen auch kein Kraft- oder Raufutter und sind keine Futtergrundlage. Frische Karottenscheiben oder getrocknete Karottenchips ebenso wie Apfelstücke oder Hagebutten sind gern genommene Leckerli. Im Kraftfutter sollten Karotten ganz gegeben werden, Karottenstücke werden häufig beim gierigen Kraftfutterfressen ungekaut abgeschluckt und können Schlundverstopfungen verursachen.

Rote Bete

Häufig hört man, Rote Bete sei besonders wertvoll für Pferde, vor allem für die Blutbildung und wegen des hohen Vitamin-C-Gehalts. Dieser Irrtum beruht wohl auf ihrer kräftig roten Farbe, die mit Blut gleichgesetzt wird. Faktisch enthält Rote Bete kaum Vitamine, verdirbt leicht und ist schwer zu säubern. Interessant ist nur der hohe Faseranteil, der dazu führt, dass die Pferde lange daran knabbern. Die gelegentliche Gabe von großen Knollen ist als Beschäftigung durchaus vertretbar, jedoch nicht in großen Mengen und nicht zur Deckung von Nährstoffdefiziten. Sie müssen absolut frei von Sand, faulen Stellen und Schimmel sein. Kleine Knollen können Schlundverstopfungen verursachen.

Runkeln, Futterrüben

Für Runkeln beziehungsweise Futterrüben gilt prinzipiell das Gleiche wie für Rote Bete. Sie werden von manchen Pferden gern zur Beschäftigung geknabbert.

Zitrusfrüchte

Immer öfter sieht man im Winter Pferdebesitzer Apfelsinen und Mandarinen verfüttern. Da das Obst süß ist, wird es von den Pferden oft gern gefressen, stört aber empfindlich die Darmflora und ist auch in geschältem Zustand meist erheblich mit Pflanzenschutzmitteln belastet. Darüber hinaus wirken Zitrusfrüchte nach der Traditionellen Chinesischen Medizin abkühlend, was gerade im Winter kontraproduktiv ist.

Da Pferde Vitamin C selbst produzieren und nicht auf externe Quellen angewiesen sind, gibt es auch im Winter keinen Grund für Obstsalat im Futtertrog. Auch hier gilt natürlich: Ist das Pferd gesund, die Darmflora im Gleichge-

wicht und stimmt die Grundfütterung, spricht nichts dagegen, sich alle paar Wochen mit seinem Pferd eine Mandarine zu teilen. Die Dosis macht das Gift.

Zitrusfrüchte haben im Pferdefutter nichts zu suchen.

Diätische Futterkomponenten

Die folgenden Futtermittel sollen sich in bestimmten Situationen positiv auf die Gesundheit des Pferdes auswirken. Sie sind durchweg nicht als Futtergrundlage, Kraftfutterersatz oder für die Dauerfütterung geeignet.

Erbsen

Erbsen bestehen zum großen Teil aus Protein und sind daher Lieferant von Aminosäuren. Aus diesem Grund werden sie gern Mischfuttern zugesetzt, damit der Proteinanteil steigt. Damit die Proteine aber für das Pferd verfügbar werden, müssten die Erbsen vorher durch Flockung oder Extrusion aufgeschlossen werden. Dazu kommt, dass die Erbsenstärke für Pferde schlecht verwertbar ist und Blähungen verursacht. Sie wird durch die thermische Behandlung ebenfalls aufgeschlossen und wirkt im Stoffwechsel wie Zucker. Da es andere Proteinquellen gibt, die für Pferde wesentlich besser

verstoffwechselbar sind, wie Leinsamen oder Weizenkleie, sollte der Pferdebesitzer von der Erbsenfütterung Abstand nehmen. Werden ihre Nachteile nicht ausreichend durch andere Futtermittel ausgeglichen, besteht die Gefahr von Hufrehe, Nierenschäden und anderen proteinbedingten Stoffwechselerkrankungen.

Flohsamen

Als Flohsamen werden die Samen des indischen Wegerichs bezeichnet. Sie besitzen starke Quelleigenschaften und werden daher sowohl als ganzer Samen, als auch in Form von Flohsamenschalen bei der Regulation von Verdauungsstörungen eingesetzt. So können zugefütterte Flohsamen(schalen) sowohl bei Verstopfungen als auch bei Durchfall positiv auf die Darmpassage wirken. Sie saugen Kotwasser auf und regen die Darmmotorik an. Sie schaden auch nicht, wenn sie über längere Zeit gefüttert werden, da das Pferd sie unverdaut wieder ausscheidet. Eingesetzt werden sie daher vor allem bei Durchfällen und bei Neigung zu Verstopfungs- oder Sandkoliken. Durch den Schleim binden sie Sand und schwemmen ihn aus dem Darm aus. Wegen ihrer starken Quellbarkeit sollten sie mit ausreichend Wasser gefüttert werden.

Johannisbrot

Es handelt sich um zerhäckselte Früchte des Johannisbrotbaums. Wegen seines süßen Geschmacks, durch 30–50 Prozent Zuckeranteil, wird Johannisbrot von den Pferden gern gefressen. Es quillt im Darm stark auf und bindet Kotwasser ab, sodass optisch für den Pferdehalter das Problem verschwunden ist. Johannisbrot beseitigt aber nicht die Ursache für das Kotwasser – die entzündete und „löchrige" Darmschleimhaut. Die in Johannisbrot enthaltene Isobuttersäure, die ihm den typischen, etwas ranzigen Geruch verleiht, ist für Pferde leicht toxisch. In Bezug auf die Nährstoffe hat Johannisbrot für Pferde keine Bedeutung.

Kartoffeln

Kartoffeln haben einen hohen Energiegehalt in Form von Stärke. Sie wurden in Kriegszeiten gekocht an Militär- und Bauernpferde verfüttert, wenn es kein Getreide gab. Auch Brauereipferde bekamen früher häufig gekochte Kartoffeln, um mit billigem Futter eine ausreichende Zuckerversorgung für die schwere Arbeit im Zug zu gewährleisten. Bei den heutigen Getreidepreisen und dem Pferd als „Luxushobby" spielt der Spareffekt durch das Kochen billiger Kartoffeln keine Rolle mehr. Kartoffeln bergen das Risiko von Vergiftung, da in der Schale – besonders in den grünen Stellen – ein Stoff namens Solanin enthalten ist, der einige lebensnotwendige Stoffwechselfunktionen hemmt. Daher dürfen Kartoffeln nur gekocht verfüttert werden, was allerdings die Vitamine weitgehend zerstört. Wegen der Vergiftungsgefahr ist von der Fütterung roher Kartoffeln oder gar roher Kartoffelschalen abzuraten. Gekochte Kartoffeln sind bezüglich der Nährwerte für Pferde sinnlos.

Kräuter können eine sinnvolle Ergänzung sein, um die Gesundheit zu fördern und kräuterarme Wiesen und Heuqualität auszugleichen. (Foto: Neddens Tierfoto)

Kräuter

Kräuter sind für Pferde – vor allem bei oft kräuterarmem Heu – als Ergänzung der Ration durchaus sinnvoll. Kräuter sind vitamin- und mineralstoffreich und enthalten essenzielle Bioflavone, die ähnlich wie Vitamine den Stoffwechsel schon in kleinen Mengen unterstützen. Daher nennt man sie auch „sekundäre Vitamine". Doch die Auswahl der für die Pferdefütterung geeigneten Kräuter bereitet zum Teil erhebliche Schwierigkeiten. Dafür ist nicht nur Pharmazeutenwissen, sondern auch fundiertes Pferdewissen notwendig. Nicht alles, was für den Menschen gut und ungiftig ist, ist für Pferde geeignet. So findet man immer noch Produkte, die für Pferde belastende und mindertoxische Kräuter enthalten. Auch „Füllkräuter" werden verwendet; die kosten wenig, machen aber viel Masse, sodass der Pferdehalter das Gefühl hat, viel für sein Geld zu bekommen. Außerdem muss man unterscheiden zwischen Kräutern, die für die tägliche Fütterung geeignet sind, und solchen, die pharmakologische Wirkung haben und daher nur gezielt bei bestimmten

Erkrankungen oder zeitlich begrenzt eingesetzt werden sollten.

Für eine gute Kräuterversorgung der Pferde
hat sich das Anlegen von Kräuter-Patches auf
der Weide am besten bewährt. Man kann auch
auf kommerzielle Einzelkräuter oder Kräutermischungen zurückgreifen. Diese sollten aber
immer nur als Kur über maximal sechs Wochen gegeben werden, um den Stoffwechsel
nicht zu verschieben. Kräutermüslis enthalten meist nur einen sehr geringen Kräuteran-
teil und oft minderwertige Qualitäten. Sie sind
dafür in der Regel mit größeren Mengen äthe-
rischer Öle versetzt. Daher riechen sie auch so
intensiv, ersetzen aber nicht die Kräuterversorgung der Pferde.

Leinsamen

Leinsamen ist eine für Pferde sehr gut geeig-
nete Ölfrucht mit hohem Fett- und Proteingehalt. Die Proteine sind direkt verwertbar und
müssen nicht thermisch vorbehandelt werden.
Die Fettsäuren findet man in der ganzen Lein-
samenfrucht und – im Gegensatz zum Leinöl – in einer Form, die gut für die Lipasen im
Dünndarm angreifbar und damit für das Pferd
verwertbar ist. Leinsamen liefert neben vielen essenziellen Fettsäuren und hochwertigen
Proteinen auch quellbare Schleimstoffe. Wegen dieser Darm beruhigenden Wirkung wird
Leinsamen auch in Mashs eingesetzt. Der hohe
Gehalt an ungesättigten Fettsäuren wirkt sich
günstig auf die Haut und das Haarkleid aus.

Wegen des Blausäuregehalts sollte reiner
Leinsamen fünf bis zehn Minuten gekocht wer-

den. Dadurch wird das Enzym Linase, das die
Blausäure stoßweise freisetzt, zerstört. Unge-
kocht verträgt ein Großpferd etwa 100 Gramm,
ein Fohlen 50 Gramm pro Tag. Allerdings de-
naturieren beim Kochen die Proteine, und vor
allem kommen die Ölsäuren in Kontakt mit
Luft und werden ranzig. Daher muss gekoch-
ter Leinsamen abgekühlt sofort verfüttert werden, sonst wird er schlecht. Genauso wie er in
geschrotetem Zustand durch die Zersetzung
der Fettsäuren an der Luft schnell verdirbt.
Leinextraktionsschrot oder Leinkuchen ist der
Abfall aus der Leinölherstellung und enthält
nur noch den Protein- und Schleimanteil des
Leinsamens. Er sollte wegen des hohen Pro-
teingehalts nur in geringen Mengen verfüttert
werden und nur Pferden, die einen deutlich erhöhten Proteinbedarf haben wie Zuchtstuten
oder Sportpferde in der Saison.

Mash

Mash ist ein diätisches Mischfuttermittel. Man
füttert es zu besonderen Gelegenheiten, zum
Beispiel nach Koliken, nach Operationen oder
nach schweren Anstrengungen wie Turnieren.
Mash ist seiner Natur nach besonders leicht
verdaulich, regt die Darmperistaltik an und
wird durch die enthaltenen Schleimstoffe leicht
durch den Verdauungstrakt transportiert. Mash
rührt man grundsätzlich mit warmem Wasser
an und lässt es eine Weile quellen. Es besteht
üblicherweise aus gekochtem Leinsamen, gequetschtem Hafer, Weizenkleie und Salz. In
kommerziell verfügbaren Mashs findet man

mittlerweile auch viele andere Zusatzstoffe. Sie gleichen oft mehr einem Müsli, das man mit heißem Wasser aufgießt. Mit dem ursprünglichen Mash haben sie nicht mehr viel gemein. Mash wurde früher immer bei Bedarf frisch zusammengestellt, denn gerade die Weizenkleie und auch der Quetschhafer verderben schnell.

Besonders im Winter fressen Pferde das warme Mash gern. Das kommt auch dem Bedürfnis der Besitzer entgegen, ihrem Pferd bei kaltem Wetter ein warmes Süppchen zu kochen. Mash ist aber kein vollwertiges Futtermittel, sondern mehr eine Leckerei für zwischendurch, solange es nicht wegen Krankheit gefüttert wird.

wichtig

Öfter als ein- bis zweimal pro Woche sollte Mash nicht verfüttert werden.

Melasse

Mit dem Einsatz der Melasse traten die Fertigfuttermittel ihren Siegeszug an. Melasse wird darin als „Appetitanreger" oder als „Geschmacksregulanz", aber auch als Staubbinder und Bindemittel in der Pelletierung eingesetzt. Melasse ist der Abfall aus der Zuckerherstellung und besteht hauptsächlich aus Zucker und Wasser. Da Zucker ein guter Nährboden für Bakterien und Pilze ist, müssen melassierte Futtermittel mit Konservierungsmitteln wie Propionsäure oder Zitronensäure versetzt wer-

den, die größtenteils nicht deklarationspflichtig sind. Müslis bieten eine große Oberfläche und damit einen riesigen Nährboden für Pilze, Bakterien und Milben, sodass man kaum ein solches Mischfutter ohne erhebliche Keimbelastung findet. Spätestens wenn der Sack offen in der Futterkammer steht, beginnt das Wachstum der Mikroorganismen. Sie werden mit jeder Fütterung vom Pferd aufgenommen und stören empfindlich die Darmflora. Mangelerscheinungen sind die Folge, die man mit großen Mengen synthetischer Vitamine und Minerale auszugleichen versucht. Auch die Kohlenhydratausbeute aus dem Heu nimmt deutlich ab, sodass viele Pferde immer größere Kraftfuttermengen bekommen, damit sie das Gewicht halten. Kraftfutter wird damit zum Mastfutter.

Die Verträglichkeit von Pferdemüslis mit Melasseanteil ist im Allgemeinen nicht besonders gut. Die Pferde neigen zu Stoffwechsel- und Darmproblemen sowie Futtermittelallergien. Insbesondere Robustpferde, Barockpferde und Kaltblüter reagieren extrem empfindlich auf den hohen Zuckeranteil: Die Melasse gelangt sehr schnell in die Blutbahn und der Blutzuckerspiegel steigt schlagartig. Es wird diskutiert, ob Equines Metabolisches Syndrom („Pferde-Diabetes") und bei manchen Pferden auch das Cushing Syndrom, das mit einer Insulinresistenz einhergeht, durch die Fütterung melassierter Fertigfutter entsteht. Auch ein Zusammenhang von Ekzemen mit melassierten Mischfuttern liegt nach Untersuchungen an ehemaligen DDR-Pferdebeständen nahe. Ebenfalls wird diskutiert, ob PSSM (Polysaccharid-Speicher-Myopathie) durch die Fütterung melassierter Futtermischungen ausgelöst werden kann.

151

Pferde mit PSSM weisen eine erhöhte Insulin-sensitivität ihrer Muskelzellen auf, und bei hohem Blutzucker kommt es zu einer übermäßigen Speicherung von Zuckern als Glykogen und Stärke im Muskel. Ödeme, lymphatische Zustände, angelaufene Beine, Sehnenschäden, Hautreizungen wie Ekzeme oder Mauke, Hyperaktivität oder Lethargie, früh einsetzende Arthrosen und andere Erkrankungen konnten in einigen Fällen ebenfalls auf die Fütterung melassierter Futtermittel zurückgeführt werden.

Das Verdauungssystem des Pferdes ist nicht auf größere Mengen leicht verfügbarer Zucker ausgelegt. Pferdefutter muss entschleunigt werden – darauf ist das Verdauungssystem optimiert.

Pflanzenöle

Pflanzliche Öle sind in der Pferdefütterung fast unersetzlich, da sie ein guter Lieferant von essenziellen Fettsäuren und Energie sind. Es kommt jedoch nicht nur auf die Qualität der Ölsäuren an, sondern auch auf die Darreichungsform. Mit gutem Heu und Getreide bekommt das Pferd normalerweise alle Ölsäuren, die es braucht. Denn Heu enthält etwa ein Prozent Restöle, das sind bei zehn Kilogramm Heuration täglich bereits 100 Gramm Öl, die das Pferd langsam und über den Tag verteilt zu sich nimmt.

Pferde reagieren ausgesprochen empfindlich auf verunreinigte oder minderwertige Öle. Öle mit Lebensmittelqualität oder Markenöle reichen für Pferde nicht aus. Die in vielen Ställen beliebte Zufütterung von Öl im Winter ist eher schädlich. Denn Pferde reagieren viel empfindlicher auf verdorbene, ranzige Ölsäuren als beispielsweise Hunde. Damit hochwertige Öle nicht so schnell ranzig werden, müssen Konservierungsmittel zugesetzt werden, die laut Futtermittelgesetz größtenteils nicht einmal deklariert werden müssen.

Zudem sollten pflanzliche Öle zur Gesamtration passen und dürfen nicht überdosiert werden. Da Pferde keine Gallenblase besitzen, ist die großzügige Zufütterung von Ölen mit den Kraftfutterrationen ernährungsphysiologisch unsinnig. Das Öl kann im Darm nicht ausreichend emulgiert und so von den Lipasen nicht angegriffen werden. Als Folge nimmt das Pferd unverdaute Ölsäuren auf und muss sie über die Haut wieder ausscheiden. Öl stört auch die Aufnahme der anderen Nährstoffe über die Darmschleimhaut. Denn durch den Ölfilm können auch die anderen Verdauungsenzyme nicht angreifen und die gesamte Nährstoffausbeute aus dem Kraftfutter sinkt. Unverdautes Öl, das in den Dickdarm gelangt, schädigt die Darmflora.

Das Argument, dass die Pferde wegen des Energiegehalts gerade im Winter viel Öl benötigen, ist hinfällig, weil sie die Energie aus Öl kaum nutzen können. Ihr Stoffwechsel ist auf die Energiegewinnung aus Kohlenhydraten ausgelegt. Daher geben sie das Öl über die Haut wieder ab, was zu einem glänzenden Fell und – langfristig gefüttert – zu einem schwarzen Schmierfilm führt.

wichtig

Man kann auch Ölsaaten wie Leinsamen oder Sonnenblumenkerne zufüttern, die hochwer-

tige ungesättigte Ölsäuren in einer für das Pferd optimal verwertbaren Form liefern. Eine Handvoll Sonnenblumenkerne mitsamt Schale auf den Auslauf gestreut, sorgt neben guter Ölversorgung noch für Beschäftigung.

Seealgen

In der Pferdefütterung relevant ist eine Meeresalge, der Blasentang (Ascophyllum nodosum). Dieser reichert während seines Wachstums Mineralien und Spurenelemente aus dem Meer an, sodass er getrocknet und grob gemahlen als natürliches Mineralfutter eingesetzt wird. Die Mineralien liegen vor allem in organisch gebundener Form vor, sodass sie vom Pferd gut verstoffwechselt werden können. Kritisiert wird bei Seealgen der hohe Jodgehalt, der bei stoffwechselgeschädigten Pferden problematisch sein kann. Allerdings muss man in der Toxizität zwischen synthetischem und organischem Jod unterscheiden. Das synthetische ist für Pferde wesentlich schlechter verträglich. Seealgen werden aufgrund des Jodgehalts gezielt eingesetzt bei Kropfbildung und anderen Erkrankungen, die mit der Schilddrüse in Zusammenhang stehen. Wie alle Naturprodukte unterliegt der Mineralgehalt in Seealgen natürlichen Schwankungen. Kurweise gefüttert haben sich Seealgen bei allen Robustpferden, vor allem bei Isländern, und bei Pferden mit Hautproblemen wie Sommerekzem, Mauke oder Raspe bewährt.

Soja

Die Sojabohne, häufig kurz als Soja bezeichnet, ist eine Nutzpflanze aus der Familie der proteinreichen Hülsenfrüchtler, zu denen auch Erbsen, Luzerne und Klee gehören. Das nach der Ölextraktion übrig bleibende Sojamehl oder Sojaextraktionsschrot mit seinem sehr hohen Proteinanteil wird häufig in Mischfuttern eingesetzt. Sojaextraktionsschrot enthält etwa 44 Prozent Rohprotein und hat einen geringen Gehalt an Mineralstoffen, Vitaminen und Spurenelementen. Da Soja relativ viel Stachyose und Raffinose enthält, ist es für Pferde schwer verdaulich. Stachyose ist ein Mehrfachzucker, der natürlicherweise von der Pferdedarmflora nicht verdaut wird – vielmehr wird die Stachyose in einer Fehlgärung bakteriell zerlegt und es entstehen Gase.

Sojafütterung fördert eine Verschiebung der Darmflora und die Entstehung von Blähungen und Gaskoliken.

Die Sojabohne ist außerdem reich an sogenannten Phytoöstrogenen, also Pflanzenhormonen mit Östrogen-ähnlicher Wirkung. Forschungsergebnisse weisen außerdem auf eine schädliche Wirkung der in Soja enthaltenen Isoflavone hin.

Soja ist demnach ein Futtermittel, das für das Pferd zu proteinreich und gleichzeitig schlecht verdaulich ist. Es wird aber gern eingesetzt in

Mischfuttern für Sportpferde, für früh im Jahr fohlende und laktierende Stuten, die ihren erhöhten Eiweißbedarf noch nicht über eine gute Weide decken können, sowie in Aufzuchtfuttern. Soja kann bei Fohlen aber durch die Stachyose zu erheblichem Durchfall führen. Aufzuchtfutter mit so hohem Proteingehalt führen in der Regel zu einem zu schnellen Muskelwachstum, bei dem das Knochen- und Knorpelgewebe nicht ausreichend stabilisiert wird und sehr leicht „Gelenkchips" entstehen können. Auch in Futtern für Cushing-, EMS- und PSSM-Pferde findet sich häufig Soja, weil diese „zuckerarm" gefüttert werden sollen.

Sonnenblumenkerne

Sonnenblumenkerne werden immer häufiger Mischfuttern beigesetzt. Es handelt sich wie beim Leinsamen um Ölfrüchte. Zu den Inhaltsstoffen gehören über 90 Prozent ungesättigte Fettsäuren, verschiedene Vitamine sowie etwas ß-Carotin, Calcium, Jod und Magnesium. Sonnenblumenkerne sind ein gesundes und leckeres Ergänzungsmittel in der Pferdefütterung, wenn hochwertige Ölsäuren zugeführt werden sollen. Die Sonnenblumenkerne werden normalerweise mit der Schale verfüttert, die vor allem Lignine und Hemizellulosen ent-

Sonnenblumenkerne liefern hochwertige Ölsäuren und sind für Pferde eine willkommene Knabberbeschäftigung.

hält. Durch die harte Schale werden die Sonnenblumenkerne von den Pferden langsam und gründlich gekaut. Insbesondere im Winter oder während des Fellwechsels können Sonnenblumenkerne in der Menge von etwa einem Esslöffel pro Tag dem Futter zugesetzt werden. Auch auf den Auslauf gestreut sorgen sie für Beschäftigung und werden von den Pferden gern gefressen.

Topinambur

Die Topinamburknolle ist keine Süßkartoffel, wie viele glauben, sondern die Wurzel einer Sonnenblumenart, die aus Mittel- und Nordamerika stammt. Sie schmeckt leicht süßlich und die Pferde mögen sie. Topinambur besteht zu einem Großteil aus dem Strukturkohlenhydrat Inulin, das vom Pferd nicht verdaut werden kann. Dadurch quillt Topinambur im Darm auf und ist in der Lage, im Dickdarm Kotwasser zu binden. Unterstützend in der Kotwassertherapie kann er daher sinnvoll eingesetzt werden, um als eine Art Schwamm das Kotwasser übergangsweise zu binden, bis die Darmschleimhaut sich regeneriert hat. Er ist aber nicht als dauerhafter Futterzusatz geeignet, weil es dann zur übermäßigen Vermehrung von Milchsäurebakterien im Dickdarm kommen kann.

Weizenkleie

Weizenkleie ist eine wertvolle diätetische Komponente, die sehr gern gefressen wird. Es handelt sich um den Schälrückstand der Weizenkörner, die Aleuronschicht, die vor dem Mahlen abgetrennt wird, um weißes Mehl zu erhalten. Weizenkleie enthält somit kein Weizenmehl und auch kein Gluten und ist von dieser Seite betrachtet für das Pferd unproblematisch. Sie ist reich an essenziellen Aminosäuren und wirkt durch ihre leicht abführende Wirkung darmregulierend. Daher wird sie gern nach Koliken als Mash und auch bei Sportpferden als leicht verdauliche und proteinreiche Mahlzeit zwischen den Wettbewerben eingesetzt. Weizenkleie muss immer mit viel Wasser als Brei verfüttert werden, um Schlundverstopfungen und Magensteine zu verhindern.

Kleie verdirbt leicht und man muss auf trockene Lagerung sowie möglichen Mehlmottenbefall achten. Im Verhältnis zu Calcium enthält sie sehr viel Phosphor. Daher muss man bei hoher Kleiefütterung eine entsprechende Menge Calcium zufüttern, um Knochenabbau zu vermeiden. Der Energiegehalt von Weizenkleie beträgt etwa 80 Prozent von Hafer. Als Kraft- oder Grundfutter ist sie für Pferde nicht geeignet. Den meisten Pferden kann man Medikamente oder andere Zusätze mit etwas Kleie als Brei schmackhaft machen.

Die immer häufiger in Mischfuttern zugesetzte Reiskleie ist der Schälrückstand aus der Reiskornreinigung. Sie ist für Pferde gut verträglich und wird gern gefressen. Allerdings enthält sie in größeren Mengen -Oryzanol, dem verschiedene positive Eigenschaften zugesprochen werden, das jedoch auf der Dopingliste geführt wird. Als Zusatz im Aufbau nach längeren Trainingspausen oder bei Remonten hat sich etwas Reiskleie in der Fütterung

durchaus bewährt. Sie ist aber wie Weizenkleie kein geeignetes Grundfutter.

Zuckerrübenschnitzel

Hierbei handelt es sich um den Abfall aus der Zuckerproduktion, der getrocknet und meist zu Pellets gepresst sowohl direkt als Futtermittel angeboten als auch vielen Mischfuttern zugesetzt wird. Rübenschnitzel sind proteinarm und enthalten hauptsächlich Pektine und Zucker. Die anderen Nährwerte sind zu vernachlässigen. Sie wurden früher häufig in großen Mengen den schwer arbeitenden Zugpferden gefüttert, um die Pferde auf günstige Weise mit viel schneller Energie und sättigenden Mahlzeiten zu versorgen. Rübenschnitzel sind in zwei Variationen erhältlich: als reine Trockenschnitzel („entmelassiert") mit einem Zuckergehalt von 5–16 Prozent und als melassierte Trockenschnitzel mit einem Zuckergehalt bis zu 25 Prozent. Rübenschnitzel dienen vor allem teilmelassiert als appetitanregender Zusatz. Sie müssen vor der Verfütterung mindestens acht Stunden in der vier- bis sechsfachen Menge Wasser eingeweicht und dürfen niemals trocken verfüttert werden, um der Gefahr von Schlundverstopfungen oder eines Magenrisses vorzubeugen.

Rübenschnitzel sind kein Kraft- oder Grundfutter, da sie aufgrund des hohen Zucker- und Pektingehalts Stoffwechselbelastungen auslösen. Sie dürfen höchstens in einer Menge von drei Prozent gefüttert werden. Dennoch werden sie gerade bei Freizeitpferden, aber auch bei Sportpferden in Mengen bis zu 20 Kilogramm

pro Tag gefüttert, was etwa einer Energiemenge von 4,5 Kilogramm Hafer entspricht. Dabei kommt die Energie jedoch fast ausschließlich aus reinem Zucker und Pektin, kann also nicht mit der Zusammensetzung einer Haferration verglichen werden.

Für die Fütterung von Reitpferden ist die Zuckerrübe frisch oder als Trockenschnitzel praktisch bedeutungslos. Solange sie gelegentlich und in Maßen gefüttert wird, kann sie eine schöne Ergänzung im eintönigen Winterspeiseplan sein. Problematisch ist allerdings, dass die Rüben schnell in Gärung übergehen und dann Fuselalkohol enthalten. Insbesondere im Hochsommer vergären Trockenschnitzel sehr rasch, sodass sie sicherheitshalber nur im Winter gefüttert werden sollten.

Vitaminisierte und mineralisierte Zusatzfutter

Als eine der größten Fehlentwicklungen in der Pferdefütterung darf wohl die großzügige Anreicherung der Pferdemischfutter mit synthetischen Vitaminen und übermäßigen Mineralstoff- und Spurenelementgaben angesehen werden. Wenn der Pferdehalter dazu noch separate Mineralfutter gibt, ist das doppelt schädlich für den Pferdestoffwechsel. Denn auch darin sind Vitamine, Mineralien und Spurenelemente häufig überdosiert und in schlecht bioverfügbaren Formen enthalten. Die Gründe für eine Über- oder Unterversorgung mit verschiedenen Mineralien und Spurenelementen sind wie folgt:

Nährstoff	Unterversorgung	Überversorgung
Calcium	• Bei Fütterung von Heu von Sand- oder Moorböden • Bei ständiger Weizenkleiefütterung • Bei kraftfutterbetonter Fütterung und gleichzeitigem Heumangel • Bei reiner Strohfütterung • Bei Fütterung von phytat- oder oxalathaltigen Futtermitteln wie Weizenkleie oder Luzerne	• Bei Heu von Kalkalpen • Bei ständiger Zufütterung von Futterkalk bei ausreichender Heuversorgung
Phosphor	• Bei ausschließlicher Raufütterung ohne Kraftfutter	• Bei zu viel Kraftfutter im Verhältnis zum Raufutter • Bei ständiger Weizenkleiefütterung
Magnesium	• Bei intensiv gedüngten Weiden • Wenn die Pferde stark schwitzen und keine Elektrolyte bekommen	• Bei ständiger Fütterung von Elektrolyten und Mineralfuttern, die stark magnesiumhaltig sind
Natrium	• Bei starkem Schwitzen oder nach schweren Durchfällen, wenn Pferde keinen Salzleckstein zur Verfügung haben	• Bei Saugfohlen, wenn sie Zugang zum Leckstein haben • Bei „Auffressen" von Salzlecksteinen, weil Ungleichgewichte im Mineralhaushalt oder Langeweile bestehen

Nährstoff	Unterversorgung	Überversorgung
Chlor	• Bei starkem Schwitzen oder nach schweren Durchfällen, wenn Pferde keinen Salzleckstein zur Verfügung haben	• Bei Saugfohlen, wenn sie Zugang zum Leckstein haben • Bei „Auffressen" von Salzlecksteinen, weil Ungleichgewichte im Mineralhaushalt oder Langeweile bestehen
Kalium	• Nur kurzzeitig nach starken Schweißverlusten oder Durchfällen • Wird normalerweise sehr schnell über die Fütterung ausgeglichen	• Bei Fütterung von Heu oder Gras von intensiv gedüngten Wiesen
Eisen	• Nach Blutverlusten • Bei Parasitenbefall • Bei Zuchtstuten in den letzten beiden Trächtigkeitsmonaten • Selten bei KPU (Kryptopyrrolurie) • Wird normalerweise schnell durch Grünfutter ausgeglichen	• Bei Zufütterung von eisenhaltigen Präparaten
Kupfer	• Bei Zinküberschuss • Bei Parasitenbefall	• Bei Zufütterung von eisenhaltigen Präparaten

Nährstoff	Unterversorgung	Überversorgung
	• Bei Zuchtstuten in den letzten beiden Trächtigkeitsmonaten • Bei einigen Arabern genetisch bedingte Kupferstoffwechselstörung, die mit Pigmentverlust um Augen und Maul einhergeht	• Bei Zufütterung von kupferhaltigen Präparaten • Bei KPU
Zink	• Bei Kupferüberschuss • Bei Parasitenbefall • Bei Zuchtstuten in den letzten beiden Trächtigkeitsmonaten • Bei KPU	• Beim Belecken von zinkhaltigen Boxengittern • Bei Zufütterung von zinkhaltigen Präparaten
Mangan	• Bei stark gekalkten Weiden • Bei Heu oder Weidegras von Kalkböden • Bei jungen Fohlen • Bei KPU	• Auf sauren Böden
Jod	• In küstenfernen Gebieten, vor allem dem Alpenraum • Bei einigen Isländern	• Durch übertriebene Seealgenfütterung

Nährstoff	Unterversorgung	Überversorgung
Selen	• Bei KPU • Bei starken Selen-mangelböden • Bei neugeborenen Fohlen	• Auf selenreichen Böden • Bei übertriebener Selenfütterung

Übersicht über Ursachen von Mineralien- und Spurenelementemangel und –überschuss. (nach Fritz)

Den größten Teil der notwendigen Mineralien und Spurenelemente kann das Pferd bei einer normal arbeitenden Darmflora und einem funktionierenden Wasser- und Salzverwertungshaushalt aus Weidegras, Heu und Kraftfutter aufnehmen.

	Eisen	Zink	Kupfer	Mangan	Jod	Kobalt	Selen
Weidegras, mäßig gedüngt	225	30	4-9	130	0,40	0,17	0,04
Heu, Wiese, mittlere Qualität	200	30	4-6	110	0,27	0,12	0,10
Luzernenheu	250	25	9	50	0,24	0,15	0,06
Rübenschnitzel	500	20	14	75	1,00	0,60	0,05
Karotten	60	35	6	50	0,35	0,07	0,02
Hafer	65	35	5	50	0,11	0,07	0,08
Weizenkleie	170	90	15	130	0,35	0,09	0,04-0,4

Spurenelemente in mg/kg Trockensubstanz in verschiedenen Futtermitteln: Die Gehalte können besonders bei Grünfutter und Heu je nach Standort, Düngung und Alter der Pflanzen variieren. (nach Coenen/Meyer, 2002)

Erhaltungsbedarf eines ausgewachsenen Reitpferds (500 kg) pro Tag bei leichter Arbeit	
Calcium	33,8 g
Phosphor	19,5 g
Natrium	29,9 g
Kalium	42,2 g
Chlor	78,7 g
Magnesium	13,6 g
Schwefel	19,0 g
Eisen	1040 mg
Zink	650 mg
Kupfer	130 mg
Mangan	520 mg
Jod	2,0 mg
Kobalt	1,3 mg
Selen	2,6 mg

Zum Vergleich eine Übersicht über den Erhaltungsbedarf an Mineralien und Spurenelementen beim leicht arbeitenden Pferd. (nach Hofmann, 2000)

Eine Zufütterung bioverfügbarer Mineralien und Spurenelemente kann sinnvoll sein, wenn Heu und Weidegras Mängel aufweisen und wenn die Pferde keinen Zugang zu Waldweiden und Bäumen haben, wo sie über Laub, Rinden und Wurzeln zusätzlich Mineralien aufnehmen können. Gerade Robustpferde und Pferde aus den Kaltblutrassen neigen häufig zu Mineralmangel, weil für diese Pferde das Heu und Weidegras zu hoch im Zucker- und Proteingehalt bei gleichzeitig zu niedrigem Mineralgehalt ist.

Minerallecksteine

... für Pferde werden künstlich aus verschiedenen Mineralien und Spurenelementen hergestellt. Diese liegen meist in Oxidform vor, um möglichst stabil zu sein. Das heißt aber auch, dass die Mineralien relativ wenig bioverfügbar sind. Außerdem werden sie mit Klebemitteln versetzt, damit man die stabile Steinform bekommt. Die Leckschalen sind meist mit Melasse angerührt und werden daher mit großer Begeisterung von den Pferden geschleckt, unabhängig vom Mineralbedarf. Ein Mineralstein kann bei manchen Pferden als Indikator für den Mineralbedarf hilfreich sein. Schleckt das Pferd regelmäßig am Mineralstein, ist ein Mineralmangel wahrscheinlich. Dann ist es sinnvoll, ein für das Pferd und die Heu- und Weidequalität passendes Mineralfutter kurweise dazuzufüttern.

Bei diesen Pferden muss auf ausreichende Mineralversorgung geachtet werden. Haben Pferde einen auffällig hohen Mineralbedarf, wenn sie beispielsweise ihre Salz- und Mineralsteine „auffressen", Sand oder Kot fressen oder überall herumschlecken, liegt oft eine Stoffwechselentgleisung vor. Dann muss genau untersucht werden, warum das Pferd bestimmte Minerale entweder nicht ausreichend aufnehmen kann oder aber auch übermäßig ausscheidet. Hierbei handelt es sich um pathologische Prozesse, die therapiert werden müssen. Andernfalls kann es zu erheblichen Magen-Darm-Problemen und weiteren Störungen im Stoffwechsel kommen.

Beim Angebot von Mineralsteinen sind Mineralsteine und Salzsteine zu unterscheiden.

Ein Salzleckstein muss grundsätzlich immer zur Verfügung stehen, weil gerade Natriumchlorid in der Ernährung des Pferdes nicht ausreichend vorhanden ist. Natürliche Salzlecksteine aus Steinsalz oder Himalajalecksalz werden von den Pferden gern genommen, vor allem um Salzverluste infolge Schwitzen, Kotwasser oder Durchfall auszugleichen. Auch hier sollte darauf geachtet werden, wie viel Salz

Salzlecksteine sollten immer zur Verfügung gestellt werden, da das Grundfutter bei uns recht arm an Natriumchlorid ist.

Wasser aus Teichen, Gräben und Tümpeln sollte nur zugänglich sein, wenn die Wasserqualität einwandfrei und die Region frei von Leberegeln ist.

die Pferde zu sich nehmen. Gelegentliches Schlecken ist in Ordnung. Werden die Salzlecksteine „aufgefressen", muss die Ursache gesucht und abgestellt werden. Dann sollte man erst das Pferd therapieren, bevor man einen Salzleckstein zur freien Verfügung anbietet.

Wasser im Stoffwechsel des Pferdes

Das Trinkwassers wird bei der Ernährung der Pferde gern vergessen. Doch die Menge und die Qualität des Wassers spielen eine große Rolle

für die Verdauung. Zusätzlich ist Wasser eine Quelle für Spurenelemente. Ein Pferd braucht durchschnittlich 30–50 Liter Wasser pro Tag, laktierende Stuten bis zu 80 Liter. Auch Saugfohlen benötigen schon Wasser zusätzlich zur Muttermilch. Durch Selbsttränken in Boxen und Offenställen ist heute in den meisten Ställen die Menge des Wassers nicht mehr der limitierende Faktor. Allerdings sollten die Tränkebecken regelmäßig auf Funktion überprüft und gereinigt werden. Zu langsam oder zu schnell fließende sowie spritzende Selbsttränken benutzen Pferde ungern. Verunreinigungen durch Pferdemist, Vogelkot oder Futterreste können zur Entwicklung schädlicher Bakterien und Pilze in den Tränkebecken führen.

Das Tränkewasser für Pferde sollte stets frisch, ohne Beigeschmack und von mittlerer Temperatur (9–12 °C) sein. Sofern das Wasser aus den zentralen Versorgungsleitungen stammt, ist mit einer ausreichenden Qualitätssicherung durch die Wasserwerke zu rechnen. Bei Eigenversorgung, beispielsweise mit Brunnen, muss auf die Wasserqualität sowie Geschmack und Verträglichkeit geachtet werden. Verunreinigungen mit Ammoniak oder Schwefelwasserstoff sowie hohe Natrium- und Kaliumgehalte deuten auf Kontamination mit Jauche oder Fäkalien hin. Schon geringe Mengen Schwefelwasserstoff geben dem Wasser einen fauligen Geschmack. Auch eine bakterielle Verunreinigung mit Colikeimen oder Salmonellen ist durch Fäkalien möglich. Verunreinigungen durch Schwermetalle kommen teilweise in Industriebezirken vor. Über die Toleranz für Nitrat und Nitrit für Pferde ist bisher wenig bekannt. Diese Verunreinigungen kommen vor allem durch Düngung zustande. Außerdem kann es zur Belastung mit Spritzmitteln kommen, vor allem in Gegenden, in denen Gemüse und Zierpflanzen angebaut werden. Hohe Magnesium-, Kalium-, Eisen- und Sulfatgehalte ebenso wie hohe Salzgehalte setzen den Geschmackswert des Wassers erheblich herab.

Auf der Weide ist es oft schwierig, natürliche Wasserquellen von ausreichender Qualität zu finden. Manche Gewässer wie Gräben oder Bäche sind so verunreinigt, dass sie als Tränkwasserquelle nicht infrage kommen. Sollen Pferde ihren Wasserbedarf aus natürlichen Gewässern decken, ist wie bei Brunnen eine regelmäßige Wasseranalyse angezeigt. Wasser aus Teichen, Gräben oder Tümpeln, das nicht kontaminiert ist, kann trotz guter Wasserwerte schädlich sein, weil es zum Beispiel Zwischenwirte für Leberegel enthalten kann. Häufig wird daher auf Weiden die Wasserzufuhr über Tränkewagen notwendig. Diese müssen regelmäßig komplett geleert, gereinigt und neu befüllt werden – ebenso Wannen auf den Weiden, die Pferde auch gern annehmen. Mörtelkübel als Weide- oder Paddocktränken sieht man häufig. Sie geben allerdings bei Sonneneinstrahlung erhebliche Mengen Weichmacher aus dem Kunststoff ins Wasser ab, die nachweislich krebserregend sind. Besser sind Kunststoffwannen aus Hartplastik, die frei von Weichmachern sind.

Zusammenstellung von Futterrationen

Die meiste Literatur zur Pferdefütterung beschäftigt sich ausführlich mit der Berechnung von Futterrationen. Bei diesen Berechnungen wird häufig die Verträglichkeit der einzelnen Futtermittel in den Hintergrund gestellt – gegenüber den Energie- und Proteinwerten. Aber ist es sinnvoll, die Fütterung fast ausschließlich an den Energiewerten der Futtermittel zu orientieren, wenn diese vom Pferd überhaupt nicht optimal verstoffwechselt werden können?

So liefert Öl in der Theorie hervorragende Energiewerte, in der Praxis kann das Pferd sie aber nicht umsetzen. Auch Proteine sind zwar rechnerisch sehr gute Energieträger, aber in der Fütterung belasten sie erheblich die Leber und die Nieren. Am sinnvollsten ist es immer noch, das Pferd so zu füttern, dass es in Optik und Leistung den Erwartungen entspricht. Glanz, Struktur und Aussehen des Haarkleids, Kautätigkeit sowie das Verhalten wie Benagen der Holzwände oder übermäßige Aufnahme der Einstreu sind weitere Kriterien für die Fütterung. Ganz besonders sollte man den Kot beachten, seine

Zur Beurteilung des Zustandes sollte nicht der persönliche Geschmack, sondern sachliche Kriterien herangezogen werden.

Bei richtigem Ernährungsstand (oben) sind Rippen und Hüfthöcker nicht mehr zusehen, aber gut zu tasten. Sieht man die Rippen deutlich herausstehen (unten), ist das Pferd zu dünn.

Form, Farbe, Zusammensetzung, Konsistenz und unter Umständen auch den pH-Wert messen. **Das Auge ist der beste Futtermeister!**

Große Partikel im Kot von 4–5 Zentimeter Länge sprechen für ungenügende mechanische Zerkleinerung des Raufutters: Das heißt, Zähne prüfen. Nicht mehr als 50 Prozent der Kottrockensubstanz sollten aus groben Partikel größer als 1,5 Millimeter bestehen. Gleichzeitig sollte man auch auf Fremdpartikel achten wie Holz aus der Späneeinstreu. Über Sedimentation kann man bestimmen, ob Sand im Kot enthalten ist. Sandfressen, Kotfressen und Lecksucht deuten auf einen Mangel an Spurenelementen oder seltenen Erden hin oder auf mangelnde Heuration. Der pH-Wert im Kot kann durch Aufschwemmen 1 : 1 mit destilliertem Wasser und einem pH-Streifen aus der Apotheke bestimmt werden. Werte größer als 6,2 sind in Ordnung, Werte darunter sprechen für Fehlgärungen im Dickdarm oder Fütterungsfehler und treten vor allem bei Fütterung von Heulage und stark melassehaltigen Mischfuttern auf.

Füttert man keine fertigen Mischfutter, so kann man beispielsweise über die individuelle Zusammenstellung von Hafer für schnelle Energie sowie Gerste für langsame Energie, Mineralfutter und eine angepasste Menge an Weidegras und Wiesenheu das Gewicht und die Leistungsfähigkeit des Pferdes einstellen. Hilfestellung bei der Ermittlung des Ernährungszustands gibt folgende Tabelle, natürlich unter Berücksichtigung der rassetypischen Variationen: So wird ein Vollblut nur schwer fett zu füttern sein, während ein ursprünglicher Haflinger von Natur aus „rund" aussieht. Vor allem die Sicht- und Tastbarkeit der Rippen geben eine gute Auskunft über den Fütterungszustand.

Gesamtzustand	Hals	Rücken und Brustkorb	Becken
Sehr mager	• Sehr dünn, gratig • Halswirbel deutlich zu erkennen	• Dornfortsätze und Rippen deutlich hervorstehend • Rückenmuskel atrophiert	• Beckenknochen stark herausragend • Tiefe Gruben seitlich der Schweifrübe • Kruppenmuskel atrophiert
Mager	• Dünn • Halswirbel leicht zu erkennen	• Dornfortsätze sichtbar • Rippen gut erkennbar	• Beckenknochen noch gut sichtbar • Gewebe am Schweifansatz eingefallen

Gesamtzustand	Hals	Rücken und Brustkorb	Becken
Schlank	• Schlank • Halswirbel tastbar	• Dornfortsätze kaum sichtbar • Rippen schwach sichtbar	• Kruppe abgerundet • Geringe Gruben seitlich des Schweifansatzes
Normal	• Normal • Keine Kamm-bildung (außer bei Hengsten)	• Rippen nicht sichtbar, aber leicht tastbar	• Runde Kruppe • Hüfthöcker leicht tastbar
Fett	• Leichter Kamm, breit und fest • Halswirbel schwer zu tasten	• Rippen nur unter Druck tastbar • Beginnende Rinnenbildung auf dem Rücken	• Sehr runde Kruppe • Hüfthöcker nur unter Druck tastbar
Sehr fett	• Ausgeprägter Kamm, breit und fett • Fettfalten seitlich am Hals	• Rippen nicht mehr tastbar • Breiter Rücken mit tiefer Rinne in der Mittellinie	• Hüfthöcker nicht mehr tastbar • Tiefe Spalte in der Kruppe

Beurteilung des Futterzustandes beim Pferd (nach Carrol/Huntington, 1988, überarbeitet Fritz)

Bei den vielen Futtermitteln, die heutzutage dem Pferdehalter angeboten werden, muss man immer unterscheiden zwischen Notwendigkeit, Eignung und Nährstoffgehalt. Auch der Preis spielt am Ende eine Rolle. Die Grundlage ist bei jedem Pferd die großzügige Fütterung mit qualitativ hochwertigem Heu und zur Weidesaison entweder Weidegang oder gemähtes Grünland. Damit kann das Pferd einen großen Teil seines Erhaltungsbedarfs an Nährstoffen bereits decken. Für zusätzliche Leistung kann man mit Kraftfutter oder anderen Ergänzungsfuttermitteln auf die individuellen Bedürfnisse eingehen, beispielsweise beim Sportpferd oder bei der Zuchtstute.

Grundsätzlich gilt, dass in den meisten Ställen zu viel Kraftfutter und zu wenig Raufutter gefüttert wird. Bei einer Kraftfuttergabe von über drei Kilogramm pro Tag nimmt die Menge des aufgenommenen Raufutters von allein ab, da die Pferde durch das Kraftfutter bereits mit Energie überversorgt sind. Allerdings hängt die Verdauung und Gesundheit des Pferdes nicht nur von der aufgenommenen Energiemenge, sondern auch von der Raufuttermenge ab. Daher sollte man Wert auf viel Heu legen und Kraftfutter sparsam einsetzen. Bekommt das Pferd zuerst Raufutter und erst etwas später Kraftfutter, optimiert man die Nährstoffausbeute und die Futteraufnahme. Darüber hinaus ist es sinnvoll, die Nährwerte des gefütterten Heus bestimmen zu lassen, um individuell Mineralien und Spurenelemente zufüttern zu können. Blutwerte sagen nur wenig über den Ernährungszustand des Pferdes aus. Erst erhebliche Mängel oder Überschüsse werden im Blutbild sichtbar.

Futtermittelrechtliche Bestimmungen

Alle Futtermittel, die in den Handel gebracht werden, unterliegen den Regeln der nationalen Futtermittelgesetze. In Deutschland ist dies das Futtermittelgesetz FMG, dessen letzte Fassung von 1999 stammt, und die dazugehörende Futtermittelverordnung FMV, die regelmäßig überarbeitet wird. Übergeordnet sind die europäischen Futtermittelgesetzgebungen. Durch die Gesetzgebung sollen die Käufer geschützt und die Tiere vor Schaden bewahrt werden.

Bei Pferdefutter muss man unterscheiden zwischen Mischungen, die primär der Energie- und Proteinzufuhr dienen und daher als Kraftfutter bezeichnet werden. Sie sind als Alleinfuttermittel meist auch mit Mineralstoffen und Vitaminen versetzt. Von ihnen werden größere Mengen regelmäßig gefüttert. Dem gegenüber stehen Mineralfutter mit über 40 Prozent Rohasche, die meist auch vitaminisiert sind und in kleinen Mengen regelmäßig gefüttert werden sollten. Sie dienen ausschließlich der Mineral- und Spurenelementeversorgung, je nach Zusammensetzung auch der Vitaminsupplementierung. Daneben gibt es noch die sogenannten Beifutter, die umgangssprachlich auch unter dem Namen „Leckerli" laufen. Sie sind mittlerweile häufig mit Mineralien oder Spurenelementen oder auch mit pflanzlichen Wirkstoffen versetzt.

Das Futtermittelgesetz führt eine „Positivliste" von Produkten, die Tierfuttern zugesetzt werden dürfen. Neben Getreide können danach auch viele andere Komponenten verarbeitet werden, wie Grünmehle, Trester, Abfälle aus der Zucker-, Brauerei-, Mühlen- und Ölindustrie und verschiedene Vormischungen mit Mineralien und Vitaminen. Durch spezielle Behandlungen wie die feine Vermahlung, das Einwirken heißer Luft, Mikronisieren durch Infrarotstrahlen, Extrudieren mit Druck mit oder ohne Wasser oder die Restitution, das enzymatische Verdauen durch kurzzeitige feuchte Lagerung, werden die zum Teil schwer oder nicht verdaulichen Bestandteile verdaulich gemacht.

Kennzeichnungen auf Fertigfuttermitteln

Im Handel müssen zwar die Anteile der einzelnen Komponenten in absteigender Reihenfolge in der Deklaration angegeben werden, nicht aber die genauen Gehalte. Allerdings müssen die Gehalte an Rohprotein, Rohfett, Rohfaser und Rohasche deklariert werden. Bei Ergänzungsfuttern mit über 5 Prozent Calcium und über zwei Prozent Phosphor müssen diese auch mit angegeben werden. Mineralfutter müssen Calcium, Phosphor und Natrium separat in Prozent der Originalsubstanz aufführen. Weitere Angaben, wie der Gehalt an Stärke, Aminosäuren, Magnesium oder Kalium, sind erlaubt, aber nicht verpflichtend. Eine andere Möglichkeit ist die halb offene Deklaration, das heißt, nur Futtermittelgruppen werden deklariert. So kann der Hersteller „Getreide" angeben, ohne zu sagen, welches Getreide oder welche Mischung eingesetzt wurde: Es kann Hafer, aber auch Mais oder Weizen oder eine Mischung davon sein. Sind „Nebenerzeugnisse der Getreideverarbeitung" angegeben, können damit Kleien, Nachmehle, Kleber oder Treber gemeint sein. Hier können sich gesunde, aber auch ungesunde Futterbestandteile verbergen. Erfahrungsgemäß wird die halb offene Deklaration meist bei minderwertigen Kraftfuttern gewählt, während die hochwertigeren durchaus mit den Zusammensetzungen werben.

Glossar – Kraftfuttermischungen

Auf fertigen Kraftfuttermischungen sind neben der Zusammensetzung in der Regel weitere Bezeichnungen angegeben, mit denen der Pferdebesitzer wenig anfangen kann. Hier ein Überblick über die deklarierten Bezeichnungen:

- **GE steht für gross energy = Bruttoenergie.**

Das beschreibt den Gesamtenergiegehalt, nicht den Anteil, den das Pferd verwerten kann. Der GE-Wert ist daher immer höher als der DE-Wert.

- **DE steht für digestible energy = verdauliche Energie.**

Dieser Anteil ist für das Pferd rechnerisch verdaulich. Allerdings sind das theoretische Werte, die sich daraus ergeben, wie viel Energie das Pferd aufnimmt und wie viel mit dem Kot wieder ausgeschieden wird.

- **ME steht für metabolisable energy = umsetzbare Energie.**

Dieser Wert wird selten angegeben. Er soll beschreiben, wie viel das Pferd tatsächlich in Energie umsetzen kann. Da es aber kaum Studien zur Energiebilanz aus Ölen oder Proteinen beim Pferd gibt und eine einseitige Diät immer zu schweren Gesundheitsstörungen führt, sind das nur theoretisch errechnete Werte, die in der Praxis wenig nützlich sind.

- **NE steht für net energy = Nettoenergie.**
Dieser Wert beschreibt die Differenz zwischen der Bruttoenergie GE und je nach Hersteller der verdaulichen Energie DE oder der umsetzbaren Energie ME.

- **Rfa = Rohfaser**
Beschreibt den Anteil der nicht im Dünndarm verdaulichen Fasern, zum Beispiel der Zellwände des Getreides. Der Rfa-Wert steigt erheblich, wenn Grünmehle oder „Struktur" zugesetzt werden. Allerdings spielt der Rfa-Wert beim Kraftfutter keine Rolle, da dieser Anteil über das Raufutter geliefert werden sollte.

- **Rfe = Rohfett**
Fettanteil des Futtermittels, wobei nicht deklariert werden muss, aus welcher Quelle die Fette stammen. Das können die Fettbestandteile des Getreides sein, aber auch zugesetzte Fette pflanzlichen oder tierischen und auch industriellen Ursprungs. Dieser Wert sagt auch nichts über die Verdaulichkeit des Fettanteils aus. Sind Mineralöle zugesetzt – was nach dem Futtermittelgesetz bis zu einem gewissen Anteil völlig legal ist –, so handelt es sich um für das Pferd unverdauliche Fette. Auch gesättigte Fettsäuren sind für das Pferd kaum verwertbar.

- **Rp = Rohprotein**
Eiweißanteil des Futtermittels, auch hier muss nicht angegeben werden, woher die Proteine stammen. Ein Teil kommt natürlich aus dem Getreide, es können aber auch Proteine aus Soja oder anderen Quellen sein. Theoretisch kann gemahlenes Leder zugesetzt werden, um den Rp-Wert zu verbessern, was gerade bei Hundefutter häufig gemacht wird. Um die Verdaulichkeit des Proteins zu beurteilen, muss man die Zusammensetzung prüfen, der Rp-Wert ist dafür nicht zu gebrauchen.

- **vRp = verdauliches Rohprotein, verdaulicher Teil des Eiweißes des Futtermittels**
Dieser Wert sollte dem Verbraucher eigentlich genauere Auskunft geben über die Proteinzusammensetzung. Nicht ohne Grund wird er oft nicht deklariert, sondern nur der Rp-Wert angegeben. Über die Aminosäurezusammensetzung sagt allerdings auch der vRp-Wert nichts aus.

- **NfE = stickstofffreie Extraktstoffe**
Hier verbirgt sich der größte Teil der Kohlenhydrate des Futtermittels, wobei nicht unterschieden wird zwischen verschiedenen Zucker- und Stärkesorten. Daher kann aus diesem Wert kein Rückschluss über die Verträglichkeit des Futters für den Pferdestoffwechsel gezogen werden.

- **Ra = Rohasche**
Bezeichnet den Teil des Futtermittels, der nach dem Verbrennen übrig bleibt. Dieser besteht hauptsächlich aus Mineralien und Spurenelementen. Die Verhältnisse und die Form dieser mineralischen Bestandteile gehen aus dem Ra-Wert allerdings nicht hervor.

- **TS = Trockensubstanz**
Das ist ein Bezugspunkt. Denn die Werte werden meist bezogen auf Kilogramm TS angegeben – wenn das Futtermittel ganz trocken ist und kein Wasser mehr enthält.

Energiegehalt

Der Energiegehalt muss auf Mischfuttern nicht deklariert werden. Ist er aufgeführt, dann üblicherweise in Kilojoule (kJ) oder in Kilokalorien (kcal). Die Energie bei Mischfuttern kommt aus Kohlenhydraten, Fetten und Proteinen, sodass man bei der Angabe nicht sagen kann, welcher Bestandteil wie viel der angegebenen Energie ausmacht. Wichtig ist bei der Beurteilung des Energiegehalts auch nicht nur die Gesamtenergie pro Kilogramm Futter, sondern das Verhältnis von verdaulichem Protein (vRp) zu Energie. Mischfutter weisen meist ein zu hohes Verhältnis von Protein zu Energie auf, von 6 : 1 bis hin zu 14 : 1 bei manchen Zucht-, Aufzucht- oder Sportpferdefuttern. Das normale Pferd benötigt aber nur ein Verhältnis von 4–5 : 1. Durch die Überfütterung mit Protein kommt es zu einer übermäßigen Stoffwechselbelastung.

Zugelassene Zusatzstoffe in Mischfuttermitteln

Für einige Zusatzstoffe gibt es Höchstwerte, für andere allerdings nicht. Zu letzteren gehören: Vitamin A, E, K_1, K_3, Vitamin B_1, B_2, B_6, B_{12}, Biotin, Ca-Pantothenat, Vitamin C, vitaminähnliche Stoffe, Inosit, Cholinchlorid, p-Aminobenzoesäure, Taurin und L-Carnitin. Das führt zum Teil zu völlig überhöhten Gaben, vor allem von Vitaminen. Da alle Vitamine in den Stoffwechsel des Pferdes eingreifen, sollten sie aber nur sehr dosiert gegeben werden.

Zu den Zusatzstoffen mit Grenzwerten gehören Eisen, Jod, Kobalt, Kupfer, Mangan, Molybdän, Selen und Zink sowie Vitamin D_3 und Nikotinsäure. Problematisch wird vor allem die Kombination verschiedener Futtermittel, wenn alle den Höchstwert ausnutzen. Denn durch die Gabe verschiedener Misch- und Ergänzungsfutter kann der Höchstwert leicht überschritten werden. Diese Tendenz ist in den letzten Jahren vor allem für Selen zu beobachten, das nicht nur Misch- und Mineralfuttern, sondern auch vielen Ergänzungsfuttern und zum Teil sogar Leckerli zugesetzt wird. Selen im Übermaß gefüttert ist jedoch giftig und kann von Chips über hochgradige Arthrose bis hin zum Tod führen.

Neben diesen Stoffen gibt es eine Menge Substanzen, die nicht deklariert werden müssen. Dazu gehören:

- **Antioxidanzien**

Vitamin C, Butylhydroxytoluol, auch synthetische Tocopherole (Vitamin E), Proylgallat und andere.

- **Bindemittel, Fließhilfsstoffe**

Sie dienen nur dem Herstellprozess. Dazu gehören zum Beispiel Bentonit, Zitronensäure, Kieselgur, Vermicult, aber auch Melasse, wenn sie für die Pelletierung benötigt wird. So dürfen Produkte als „melassefrei" deklariert werden, obwohl für die Pelletierung Melasse verwendet wurde.

- **Emulgatoren, Stabilisatoren, Verdickungs- und Geliermittel**

Diese werden vor allem in Mischfuttern, aber auch in vielen Ergänzungsfuttermitteln eingesetzt, um die passende Konsistenz zu erreichen. Zu ihnen gehören Polyethylenglykol 6000, Guarkernmehl, Lecithine, Agar-Agar, Pektine und viele andere.

Eine normale Fütterung entlastet den Stoffwechsel.

• Färbende Stoffe

Diese findet man immer häufiger in Mischfuttern, vor allem wenn Brocken darin zu finden sind, die eher an Hundefutter erinnern. Zu den Farbstoffen gehören unter anderem Brillantsäuregrün, Patentblau V, aber auch viele Carotinoide.

• Konservierungsstoffe

Sind unerlässlich bei Verwendung von Melasse, aufgeschlossenem Getreide oder Öl im Futter. Zu den Konservierungsstoffen gehören Essigsäure, Propionsäure, Calciumsorbat, Ammoniumpropionat. Aber auch Vitamin E wird vielfach als Konservierungsmittel eingesetzt, weil es die Oxidation des Futters verhindert.

„Stoffwechselsymptome" des Pferdes

Das große Problem an den Stoffwechselerkrankungen des Pferdes ist, dass man sie in der Regel erst sieht, wenn es schon zu spät ist. Der Körper kompensiert fehlerhafte Fütterung oft jahrelang, bis erste Krankheiten auftreten. Auch dann wird oft nicht der Stoffwechsel in Betracht gezogen, sondern am sichtbaren Symptom therapiert. Da die zugrunde liegenden Ursachen jedoch nicht beseitigt werden, schlagen Therapien oft nicht oder nur schwach an oder das Problem verlegt sich einfach vom einen Bereich auf den anderen. Dann hat das Pferd zwar keinen chronischen Husten mehr, aber dafür jetzt Kotwasser. Oder der Sommerekzemer bekommt zusätzlich auch noch Koliken.

Stoffwechselerkrankungen nehmen aufgrund der vielen Fehler in der Fütterung einen immer größeren Raum ein und für viele Pferdehalter ist es mittlerweile „normal", sich mit Equinem Metabolischem Syndrom, Cushing, Sommerekzem, Hufrehe und anderen Krankheiten besser auszukennen als mancher Tierarzt. Es ist

daher wichtig, frühzeitig Entgleisungen des Stoffwechsels zu erkennen und entsprechend gegenzusteuern. Das Blutbild liefert hier die schlechteste Diagnosemethode, da viele Werte dort erst auftauchen, wenn es schon zu spät ist. So werden die Nierenwerte erst auffällig, wenn 70 Prozent der Niere irreparabel zerstört sind. Auch die Leberwerte zeigen erst an, wenn die Leber größtenteils den Dienst eingestellt hat. Mineralwerte liefern kaum Aussagen über den tatsächlichen Mineralhaushalt im Gewebe. Der Zustand des Darms wird im Blutbild überhaupt nicht erfasst. Hier gibt es aber neuerdings einen Parameter, den man im Urin bestimmen lassen kann, den sogenannten Indikanwert. Dieser lässt darauf schließen, ob die Verdauung normal abläuft oder ob Fehlgärungen vorliegen. Die meisten Pferde, die mit Stoffwechselkrankheiten beim Tierarzt oder Therapeuten vorstellig werden, haben deutlich erhöhte Indikanwerte.

Anzeichen für Stoffwechselentgleisungen

Das Erscheinungsbild des Pferdes zeigt eine ganze Reihe „Frühmarker", die auf Stoffwechselprobleme hinweisen. Diese muss man nur erkennen. Dann kann man rechtzeitig eingreifen, bevor das Pferd krank wird.

„Frühmarker" für Leberprobleme

- Stichelhaare
- Gallen an den Fesseln und Sprunggelenken
- Sehnenprobleme wie Rupturen oder Zerrungen
- Angelaufene Beine
- Blauer Schimmer auf den Augen, wiederholte Augenentzündungen
- Hungerhaare, also einzelne lange Haare im normalen Fell, häufig im Winterfell
- Streifen im Fell am Rumpf, die etwa 2 Zentimeter Abstand haben und vom Rücken Richtung Bauch verlaufen
- Dunkle Fellflecke, die besonders bei Füchsen im Bereich Flanke/Kruppe auftreten
- Gewichtsverlust oder schlechte Gewichtszunahme, mangelnder Appetit
- Leistungsabfall oder schlechter Konditionsaufbau
- Lethargie, häufiges Gähnen, Flehmen
- Aufgezogener Bauch
- Häufige leichte Koliken
- Veränderte Kotkonsistenz
- Hautprobleme, Juckreiz

„Frühmarker" für Nierenprobleme

- Stumpfes Fell, vor allem wenn das Haar am Ende „Häkchen" macht
- Angeschwollene Nierenregion, also der Bereich hinter dem Sattel
- Deutlich eingefallene Flanken vor den Hüfthöckern
- Schlechter oder verlangsamter Fellwechsel, dünnes Winterfell
- Hautprobleme wie
  - Ekzeme, Sommerekzem
  - Mauke, Raspe
  - Neigung zu Phlegmonen
  - Nesselfieber
  - Überempfindlichkeit gegen Insektenstiche, Wasch- oder Pflegemittel
  - genereller Juckreiz
  - Warzen und Sarkoide
  - Neigung zu Pilzen, Haarlingen und andere Ektoparasiten
  - generelle Überempfindlichkeit der Haut
- Hufrehe
- Hufabszesse, Strahlfäule

- Ödeme, wie
  - angelaufene Beine, „Ruhetagsphlegmone"
  - schwammige Sprung- oder Karpalgelenke
  - geschwollener, fester Halskamm
  - Ödempolster an den Flanken, oft mit Fettpolstern verwechselt
- Allergien
- Schlechte Wundheilung
- Untypisches Schwitzverhalten, also zu starkes oder zu schwaches Schwitzen, Hyperventilation durch mangelndes Schwitzen
- Erhebliches oder zu schwaches Saufen, zu viel oder zu wenig Urin
- „Fressen" von Salz- oder Minerallecksteinen

Anhand von Frühmarkern kann man rechtzeitig auf Stoffwechselprobleme aufmerksam werden, bevor sich Krankheiten manifestieren.

Gerade bei Leberproblemen empfehlen viele Tierärzte die Fütterung von Rübenschnitzeln oder Maisflocken, die jedoch durch den hohen Zuckergehalt die Leber belasten. Die Leber ist ausgesprochen regenerationsfähig, wenn man die Fütterung auf pferdeverträgliches Futter umstellt. Insbesondere Pferde mit Leber- und Nierenproblemen sollten reichlich Heu, aber nur sparsam Kraftfutter bekommen, weil dieses die Entgiftungs- und Ausscheidungsorgane erheblich belastet.

Greift man nicht rechtzeitig ein, dann können aus den „Frühmarkern" ausgewachsene Stoffwechselkrankheiten werden. Dazu gehören unter anderem:

• eine Form von Equinem Cushing Syndrom,

Cushing, ECS
- Equines Metabolisches Syndrom, EMS
- Insulinresistenz, auch als „Pferde-Diabetes" bezeichnet, die meist in Zusammenhang mit Cushing oder EMS auftritt
- Polysaccharid-Speicher-Myopathie, PSSM
- Kreuzverschlag
- Hufrehe
- Osteochondrosis dissecans, OCD, Chips,

Gelenkmäuse
- Strahlbein- und Gleichbeinerkrankungen sowie Wobblersyndrom, vor allem bei jungen Pferden
- Sommerekzem
- Chronische Mauke oder Raspe
- Arthrosen und Knochenzysten bei jungen Pferden

Nicht nur bei den genannten Stoffwechsel-

Cushing ist bei vielen Pferden die Folge eines über Jahre überlasteten Stoffwechsels.

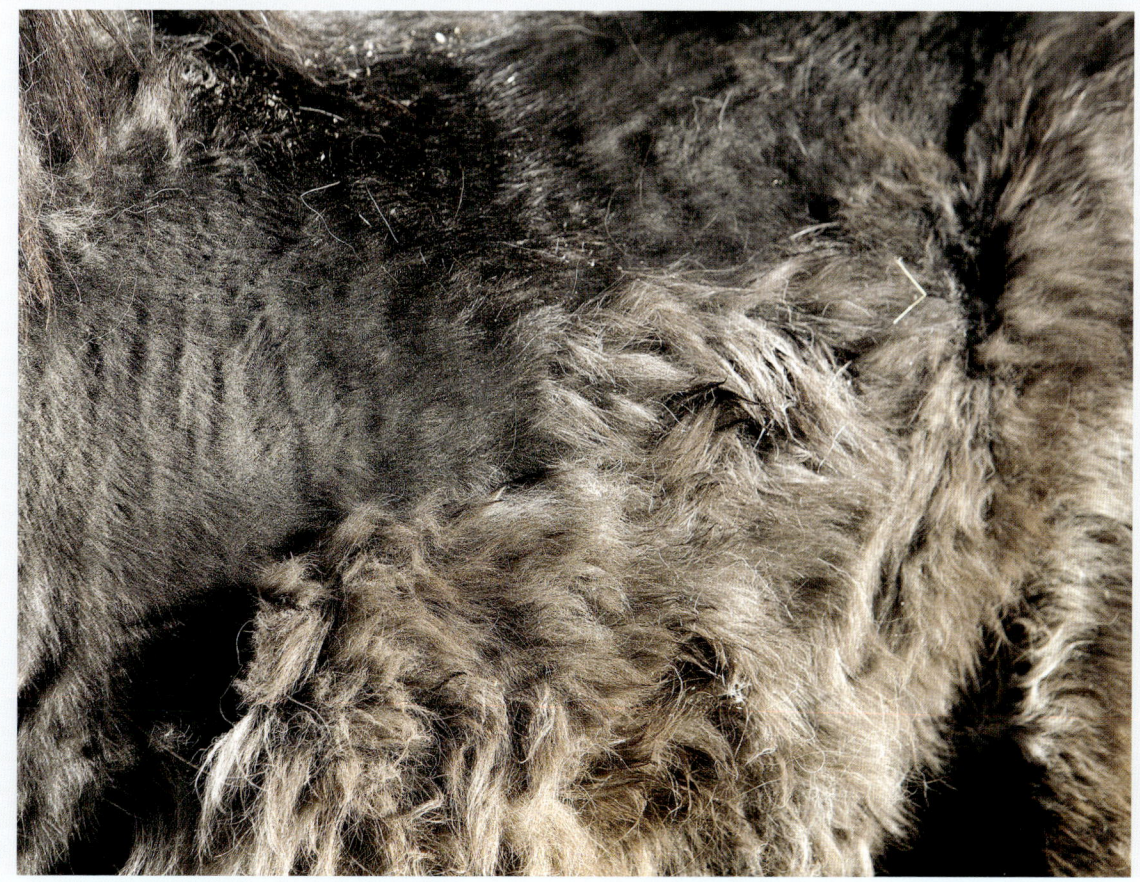

krankheiten, sondern auch bei folgenden Erkrankungen oder Symptomen sollte man außerdem unbedingt an die Stoffwechselstörung
Kryptopyrrolurie (KPU) denken:

- Wiederkehrende Koliken, trotz optimaler
  Haltung und Fütterung
- Probleme im Bewegungsapparat wie inter-
  mittierende Lahmheiten, Rückenverspan-
  nungen, die schwer diagnostizierbar und oft
  therapieresistent sind
- Kotwasser, Durchfälle trotz pferdegerechter
  Fütterung
- Chronischer Husten, therapieresistenter
  Husten
- Anfälligkeit für Überbeine, Knochen-
  demineralisierung, Zahndemineralisierung
- Multimorbide Pferde, mit vielen verschie-
  denen, zum Teil schwer definierbaren
  Krankheitszuständen
- Non-Responder, also Pferde, die auf
  Therapien nicht oder viel zu schwach
  ansprechen

In dem Fall muss die KPU therapeutisch unterstützt werden, bevor man mit Entgiftungsku-
ren beginnen kann. Es kann sonst passieren,
dass es zu erheblichen Verschlimmerungen
der Symptome kommt, was insbesondere bei
Hufrehe oder Kolik schnell tödlich werden
kann.

Unterstützende Maßnahmen zur Futterumstellung und Stoffwechselsanierung

Wichtig ist bei Futterumstellungen, diese nicht
abrupt, sondern im Verlauf von zwei bis vier
Wochen durchzuführen. Zu schnelle Futterumstellung kann sonst schwere Krankheitsschü-
be wie Hufrehe oder Kolik verursachen. Nach
der Futterumstellung sollte man eine Darmsanierung machen: Süßholztee oder -extrakt
regen die Regeneration der Darmschleimhäute an, Bitterkräuter fördern die Gallesekretion.
Dadurch kann nicht nur die Leber besser entgiften, sondern der Nahrungsbrei wird besser
verdaut, Darmfäulnis wird vorgebeugt und die
Darmmotorik wird angeregt. Unter Umständen kann auch die Zufütterung von Effektiven
Mikroorganismen (EM) sinnvoll sein, aber das
hängt davon ab, in welchem Zustand die Darmflora ist. EM entsprechen entgegen landläufi-
ger Meinung nicht der natürlichen Darmflora des Pferdes, sondern enthalten eine Menge
Milchsäurebakterien und einige unerwünschte Pilzarten.

Wichtig ist es, nicht nur den Darm zu sanie-
ren, sondern auch die Leber in der Entgiftung und die Niere bei der Ausscheidung unerwünschter Substanzen zu unterstützen. Häufig
haben die Pferde eine ganze Reihe „Altlasten"
eingelagert, die zuerst von der Leber umgebaut
und dann über die Niere ausgeschieden werden müssen, bevor man eine deutliche Verbesserung der Symptome sieht. Außerdem muss
in dieser Zeit unbedingt auf ausreichendes

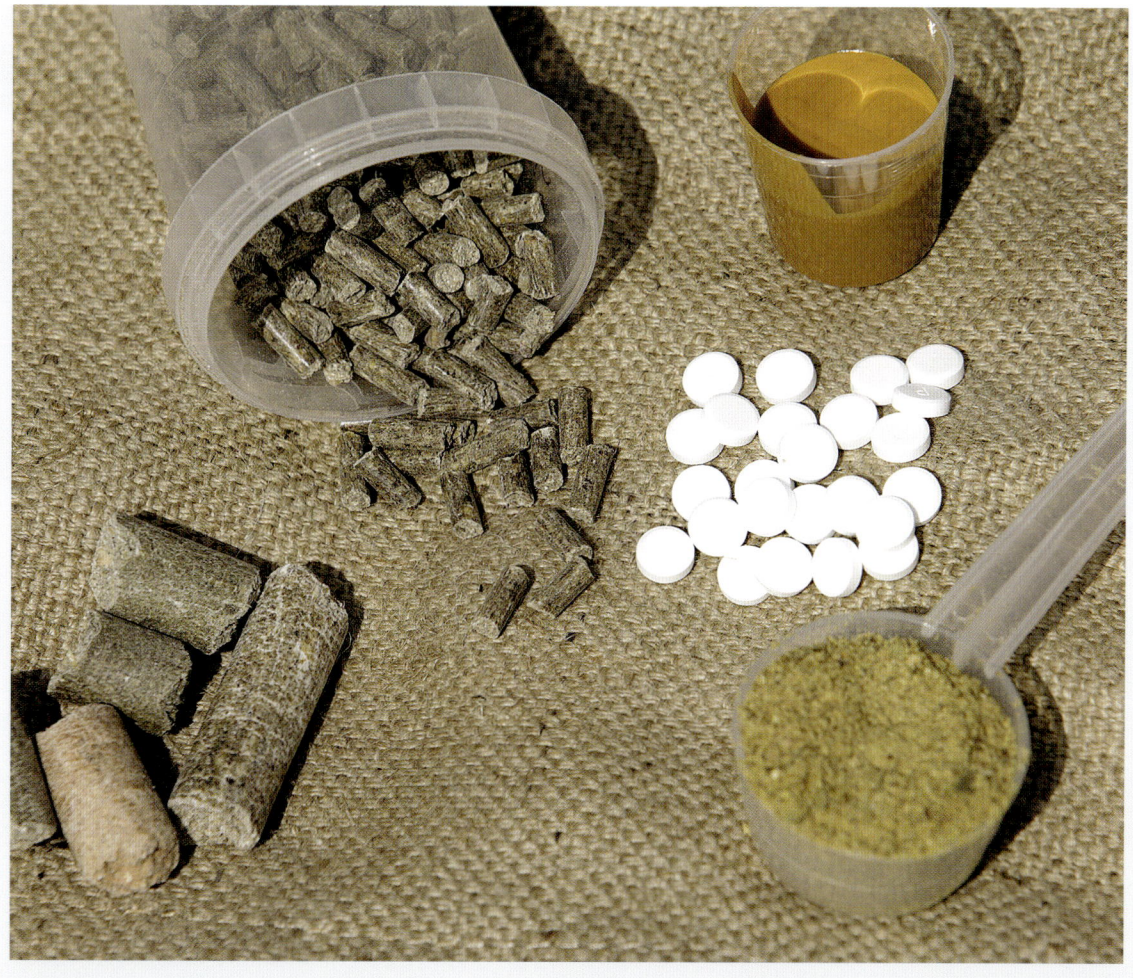

Neben der richtigen Fütterung sollten bereits erkrankte Pferde zusätzlich therapeutisch unterstützt werden.

Wasserangebot geachtet werden, weil die Pferde häufig vermehrt trinken und urinieren. Zeigt das Pferd deutliche Symptome von Nierenproblemen, sollte außerdem die Nierenregion warm gehalten werden, mit Thermo- oder Nierendecken im Winter – auch beim Reiten – oder mit Decken aus Keramikfasern, die die Infrarotabstrahlung des Gewebes reflektieren und damit

„selbstwärmend" wirken. Im Sommer profitieren diese Pferde von Sonne auf dem Rücken und wenn man sie bei Regen oder Wind im Stall einstellt oder mit einer Regendecke versieht, damit die Nierenregion warm bleibt.

Es gibt sowohl viele Einzelkräuter als auch Kräutermischungen, die sich positiv auf den Stoffwechsel auswirken, vor allem indem sie

die Funktion der einzelnen Organe fördern. Hier muss man nicht nur auf die Zusammensetzung, sondern auch auf die Qualität achten. Viele Hersteller, die ihre Kräuter und Mischungen sehr günstig anbieten, versetzen sie mit billigen Pflanzenanteilen für ein größeres Volumen bei geringem Wirkstoffanteil. Es gibt aber hervorragende Pflanzenmischungen fertig zu kaufen, sodass man sich die Mühe des Kräutersammelns und Mischens spart. Es gibt auch pflanzliche oder mineralische Produkte, die selbst entgiftend wirken. So kann man Pferden Spirulina Alge füttern, die Toxine abbinden kann. Das entlastet sowohl Leber als auch Niere bei der Entgiftung. Bentonit, Montmorillonit und Zeolith sind spezielle Minerale, die einen Austauschprozess machen und in dem Zuge Säuren binden können, sodass der Körper sie ausscheiden kann. Leider binden diese Stoffe auch Mineralien. Daher sollte man sie immer nur kurweise einsetzen und auf eine ausreichende Mineralversorgung achten. Insbesondere wenn sich die Symptome im Bereich der Hufe als Mauke, Strahlfäule oder Hufrehe zeigen, haben sich auch Basenwickel bewährt, also das Baden oder Einwickeln der Hufe in einer wässrigen Lösung aus Natriumbikarbonat.

Anhang

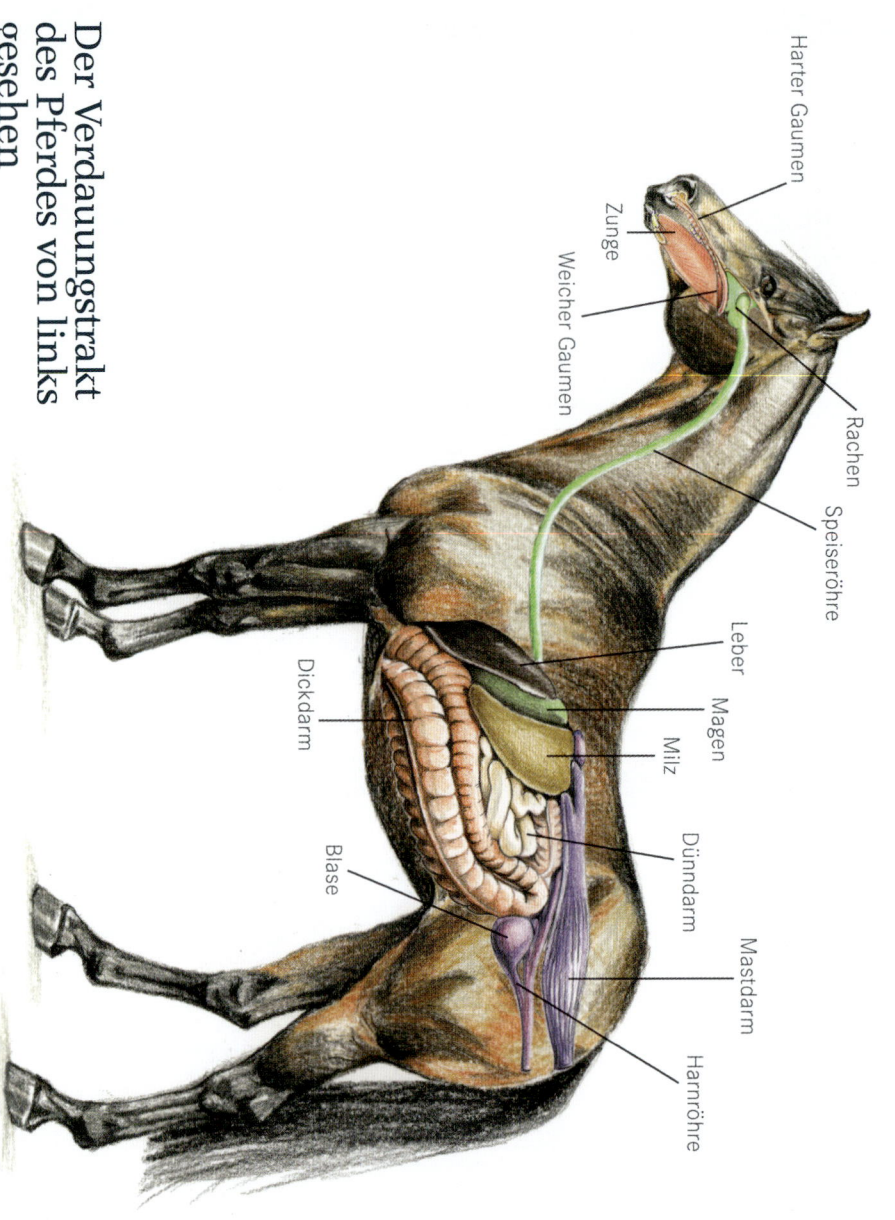

Der Verdauungstrakt
des Pferdes von links
gesehen

Harter Gaumen

Zunge

Weicher Gaumen

Rachen

Speiseröhre

Leber

Magen

Milz

Dünndarm

Mastdarm

Harnröhre

Blase

Dickdarm

Literatur/Quellen

Carrol, C.L./Huntington, P.J.:
Body condition scoring and weight estimation of horses.
Equine Veterinary Journal 20, S. 41-45, 1988.

DTV Jahresbericht 2009/2010,
Deutscher Verband Tiernahrung e.V.

Eckert, Roger:
Tierphysiologie.
2. Auflage, Thieme Verlag, 1993.

Engelhardt, Wolfgang von:
Physiologie der Haustiere.
3. Auflage, Enke Verlag 2010.

Ellis, Andrea D., Hill, Julian:
Nutritional physiology of the horse.
Nottingham Press, 2006.

Frape, David:
Equine Nutrition and Feeding.
4th Edition. Wiley-Blackwell, 2010.

Hofmann, Silvia C:
Pferde richtig füttern.
BLV, 2000.

Kamsteeg, J.:
HPU und dann...?
2. Auflage, KEAC 809117, 2008.

Meyer, Helmut/Coenen, Manfred:
Pferdefütterung.
4. Auflage, Parey, 2002.

Pilliner, Sarah:
Horse Nutrition and Feeding.
2nd Edition. Wiley, 1999.

Vanselow, Renate et al.:
Pferd und Heu.
VfD Arbeitskreis Umwelt, 1. Auflage, 2010.

Willing, B. et al.:
Changes in faecal bacteria associated with concentrate and forage-only diets fed to horses in training.
Equine Veterinary Journal 41, Issue 9,
S. 908-914, 2009.

www.landwirtschaftskammer.de

www.wikipedia.de

Register